今日のモップくん　シロガオサキのモップくん観察記

MOP-KUN JOURNAL

根本 慧（公益財団法人 日本モンキーセンター）

blueprint

CONTENTS

はじめに

こんにちは、日本モンキーセンター飼育員の根本 慧です。このたびは、『今日の
モップくん　シロガオサキのモップくん観察記』を手に取っていただき、ありがとう
ございます。

この本は、モップくんをとおしたシロガオサキの解説と、私が日本モンキーセンター
公式Twitterで毎日のように発信してきたツイート【今日のモップくん】をまとめた
ものです。

シロガオサキのモップくんの魅力を多くの方に知ってもらいたい！という思いで、
公式ブログ「飼育の部屋」から始めた【今日のモップくん】。

日本モンキーセンター公式Twitterで、モップくんのツイートを始めた2018年7月
から2020年12月までの投稿を掲載してありますが、我ながらボリュームのある1
冊になったと驚いています。最後まで読んでいただくと、シロガオサキの魅力や素
晴らしさを知っていただけるはずです。

この本の出版は、多くの方々の"愛情"と"努力"によって実現しました。本の制作
にあたって尽力してくださった関係者の方々、何よりモップくんを愛してくれている
全ての方々のおかげです。この場を借りてお礼を申し上げます。そして、モップくん
がいなかったら、この本はできていません。ありがとうモップくん！

それでは、ページを開いて、シロガオサキのモップくんの世界へお入りください。

MOP-KUN Diary
2018
SECOND HALF

当時、日本モンキーセンター公式Twitterのフォロワーは約900人。もっと知ってもらうために、飼育員たちと「Twitterを盛り上げる会」を立ち上げて、誰がバズらせるかを競い合う中でスタートさせたのが、ブログ「飼育の部屋」にアップしていた[今日のモップくん]でした。当時はメンバーと話し合いながら投稿を考えていたので、私以外のテイストも入った内容が多かった気がします。(根本)

7月19日

今日からTwitterに登場です!!
なんか前より顔がオレンジっぽ
くなった? 汚れているだけ?

7月20日

暑い日の落花生にはビールが
合うと思います。
#落花生とビール

7月21日

日本の猛暑について考える。

7月23日

誰だ!? モップくんはリンゴの断
面って言ってるやつは! もっと
可愛いわ!!

7月26日

おはようございます!

枝豆にはビールが一番合うと
思っています。
#食べるの下手
#枝豆とビール

7月30日

夏の日差しが眩しいぜっ!!
#日焼け
#夏

8月2日

モップくんは食べるときに上を
向きます! 味わっている? 何か
いる? 雨でも降ってきた??
#雨待ち

8月4日

おはようございます!「モップ、おはよう」と声をかけると、近寄ってくることもあります。

8月7日

どアップカメラ目線頂きました!
#カメラ目線

8月9日

朝ごはんはしっかり食べましょう!!

8月10日

暑い日はやっぱりパイナップルより落花生だよね〜(なんでだよ!!)。

8月8日

何かを寄こせと言わんばかりやないか!! ごめん。今は何も持っていない!!
#要求を断る

8月11日

スイカの種は食べる派? 食べない派? 私はもちろん種から食べる派。

8月14日

目がマジ!!
手の動きが速くて見えない!!
どんだけ落花生好きなんだよ!!

8月17日

モップくんを"めっちゃ可愛い!"
と思っているのは、担当飼育
員だからなのか? 世間一般で
は、モップくんは可愛いのか?

まぁ、可愛くても可愛くなくても、
モップくんが食べている姿は
ずっと見ていられる!!

8月15日

掃除してると、モップくんは近寄っ
て見てきます。ちゃんと掃除してま
すよ!!

……いや、違う!
こいつ、
落花生が欲しいだけだ!

8月18日

昨日は皆様、コメントありがとうご
ざいました! モップくんは"可愛
い"ってことでいいですね!!これか
らも皆様に"できるだけ"毎日、[今
日のモップくん]をお届けします!

8月16日

夕方、モップくんの寝ている姿が
可愛かったので、写真を撮るた
め静かに扉を開けたけど、バレた。

8月19日

昨日、質問があったので、モッ
プくんの顔をご紹介! モップく
んの頭はここまで! シロガオの
後ろに耳があります!

9月21日

育休明けで1ヶ月ぶりに仕事をしています! 久しぶりにモップくんに会いました!

モップくんも会いたがっていたみたい! ほらっ、こんなに可愛い顔してる!!

#再会 #育児休暇
#担当バカ

9月22日

やっぱりモップくんは落花生が好きです! そろそろ栗が採れるかな!

9月27日

最近は種なし巨峰が主流なんですかね?

#秋の味覚 #種子食

9月28日

今日はモップくんの全身を撮ろうと思ったんですが、どうしても寄ってきます……。私のことが好きなんですかね!
#担当バカ

9月26日

栗をあげました!

皆様、食事のお供に見てください! 一緒に食べている気分になるでしょ!

#栗
#秋の味覚

9月29日

雨の日は室内で過ごすことが多いです。

10月1日

今日は屋根の上から激写!!
モップくんは、しっかりと右手に
梨を持っています。

10月8日

ドングリを食べてます。

#秋の味覚

10月9日

君の見つめる先には
何があるかな。

10月7日

首すじきれいでしょ!
#セクシー

10月11日

今日、柿をゲットできなかったの
で、モップくんは蒸したサツマイ
モを食べています。アジア館に
いるチベットモンキーのザルバ
様が羨ましいのか、ザルバ様
の真似をして両手で持って食
べています。

#柿が欲しい
#秋の味覚

10月13日

アジア館飼育担当の星野さん
に柿を頂いたので、モップくん
にあげました!

やっぱり旬の果物は美味しいら
しいです! ムシャムシャ食べて
いる!

#柿
#秋の味覚

10月20日

けっしてイライラして自分の手を噛んでるんじゃありません！むしろ巨峰を食べて喜んでいます。それにしてもすごい顔！
#巨峰 #秋の味覚

10月27日

同じ南米館にいるフサオマキザルに栗をあげていたのがモップくんにバレたので、栗をあげました。落花生と一緒に！

……やっぱり栗のほうが好きみたいです。
#栗 #秋の味覚

10月26日

朝ヒンヤリするこの季節。モップくんは日向ぼっこをします。
日の当たる午前中によく地面で寝ています。
日差しを遮ったので、ちょっと怒っています。

10月28日

今日の犬山市は快晴!! 絶好の行楽日和です!! モップくんに会いに来てね!!

11月2日

イチジクがあったのであげました！ ちょびちょび食べていて、あまり好きではないみたいです。あとから見たら全部なくなっていたので、食べはしたみたいです。

11月3日

今日もお疲れ様でした！ゆっくり枝豆でも食べてください！

11月6日

今のモップくんと2016年のモップくんを見比べると、微妙に顔の毛色が違います。これはなんでしょうね？ 多分、汚れだと思います。
※上が今のモップくん

11月10日

掃除チェックに来やがった!!

11月11日

今日は11月11日だったが、さすがにポッキーはあげられないので、替わりにサツマイモを細く切ってあげてみた！
#ポッキープリッツの日

11月13日

さて、これは誰でしょう??

11月14日

正解はモップくんでした！

11月17日

Twitterを見てモップくんに会いに来た大概の人に、"意外と小さい"と思われます。

そんな風にガッカリさせないために言います！

「チワワよりは大きくて、柴犬よりは小さいです」

今日はお客様から、南米原産のフェイジョアを頂きました! 食べると洋梨のような、マスカットのような味でした!

モップくんにあげようとしましたが……もう寝ていました。

明日あげます! 乞うご期待!!

昨日頂いた南米原産のフェイジョアを、モップくんにあげました!
反応は…… 少しかじって、豪快にポイッしました。

可愛いモップくんを撮るのに、毎日何枚も写真を撮ります。私の携帯の容量は、モップくんによって圧迫されています。
#データ量が足りない #飼育愛

モップくんに柚子とミカンをあげてみたけど、やっぱりミカンが好きみたいです! それよりも、室内が気になっているのはなんでだろう?

今日はシンプルに夕餉のモップくんです! よく聞くと、くちゃくちゃ音をたてて食べている。自分の子供なら怒るところですが……。

11月27日

モップくんは15時すぎに夕餉を食べると寝ちゃいます。決まって、ここで寝ます。

そこに床暖はないよ!

11月30日

今年も残すところあと1ヶ月です! 1年が本当に早く感じる年頃です……。やり残したことがないか、モップくんと考えます!

12月7日

モップくんは落花生が本当に好きみたいです! ちなみに、外皮と薄皮は嫌いです!

12月10日

寒いと、あまり外に出てこないモップくん。名前を呼んだら、3回に1回の確率で出てきます!

12月14日

この小さな1粒1粒がとても大切で、とても美味しい。
#ひまわりの種

12月16日

半目www

12月17日

来週はクリスマスですね! この時季のせいか、モップくんがサンタに見えてきた。毛が黒いから、ブラックサンタですが。いい子にしておかないと!!

12月18日

今日は休園日だったので、溶接工事や業者さんの工事立会いばっかりやっていました。

なので、ほとんどモップくんに会えなかった……。

今日、唯一の写真です!

12月22日

モップくんへ素敵なクリスマスプレゼントを頂きました!

#ヒマワリの種

12月21日

全っ然出てこない!!
しょうがなく呼ぶ!!

12月23日

少し早いですが、モップくんにXmas Presents。昨日頂いたピーナッツとヒマワリの種です!入れ物が怖いのか、取り方の癖がすごい。

12月24日

モップくんに落花生リースをプレゼント。初めて見るリースにちょっとビビってる。

でも、頑張って落花生を取りました。

12月25日

クリスマスプレゼントを頂きました。
お手紙付きで、とても感動!

早速、モップくんにそのままあげまし
たが、恐る恐る触ったサツマイモを
倒してしまい、驚いてました。あとで
ちゃんと蒸してあげるね!

ありがとうございました!
メリークリスマス!

12月27日

寒いから、夕餉は室内であげま
す。何を食べるか見ていたら、
最初に取ったのは見えないくら
い小さなヒマワリの種でした。

12月29日

犬山は雪です。モップくんは雪
を毎年見ているはずなのに怖
いらしい……。

「雪モップ」
みんなも作ってみてね♪

12月31日

今年も残りわずか!
2018の8の右下を3つ取って
くれたら、2019になります。で
も、やはり取ってくれません。
モップくんは最後までモップく
んでした。
2018年、モップくんを愛でて
くれて、皆様、本当にありがとうご
ざいます。2019年もよろしくお
願いします。よいお年を!

シロガオサキってどんなサル?

「白い顔」の「サキ」だからシロガオサキ。では、この「サキ」ってどんな動物でしょう?

　サキは霊長類のなかでも、南米にくらす「新世界ザル」のなかまに分類されます。この新世界ザルは私たちヒトや皆さんもよくご存じのニホンザルとは違い、鼻の穴の間隔が広く、外側へ向くのが大きな特徴です(そのため難しい用語で広鼻猿、といいます)。この新世界ザルは、さらに3つのグループに分けられます。クモザル科は大型で物をつかめる尾をもつグループ、オマキザル科は中型のオマキザルや

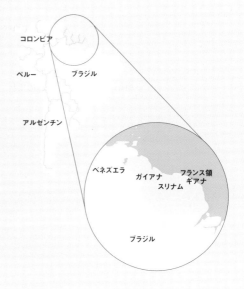

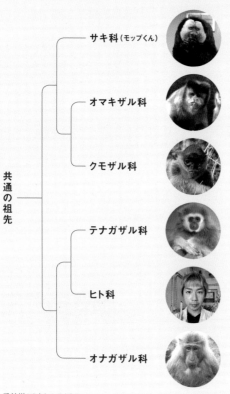

	サキ科(モップくん)
	オマキザル科
共通の祖先	クモザル科
	テナガザル科
	ヒト科
	オナガザル科

系統樹からもわかるように、
モップくんと私たちヒトは祖先でつながっているのです。

小型のマーモセットやリスザルなど多様な種を含みます。そして、サキ科にはサキをはじめとして、個性的な外見の種がそろいます(p20)。

　サキの体の大きさは新世界ザルとしては中くらいで体重1kgから2kgほど、全身をおおうふさふさの毛と長いしっぽが大きな特徴です。また、新世界ザルの中でも特に左右の鼻の穴の間が広いというのもポイントです。

　サキは、南アメリカ大陸のアマゾン川流域を中心とする熱帯の森林に生息しています。シロガオサキはその中でもアマゾン川の北側、ベネズエラからブラジルにかけて分布しています。手つかずの原生林や人の手が入った林など、さまざまなタイプの森林で見ることができます。熱帯ですから、日本のような四季はありません。1年は雨がよく降る雨季と、ほとんど降らない乾季に分かれています。もちろん、日本の冬のように寒くなることはありません。

文＝新宅勇太

シロガオサキを知る4つのポイント

シロガオサキがどんな動物なのか、ここでは4つのポイントに注目してみましょう。

1つ目はオスとメスの違いです。サキはオスとメスで見た目が大きく違うことがよくあります。シロガオサキでは、オスは全身が黒い毛におおわれ、顔のまわりを白い毛が囲んでいますが、メスは全身が暗い灰色の毛、胸のまわりはオレンジ色です。顔のまわりはオスのように白いわけではなく、ほほに白い毛の細いラインがあるだけです。また、メスのほうが少しだけ小さいようです。では、コドモはどんな色なのでしょう? コドモのときはオスもメスも、オトナのメスと同じように暗い灰色をしています。オスは成長するにつれて額から白くなっていき、オトナと同じような色になるのに3年くらいかかります。

2つ目は成長についてです。シロガオサキは1回の出産で1頭のコドモが生まれます。生まれたコドモは、生後3ヶ月から5ヶ月くらいまで母親が背中に乗せて運びます。群れの中の他のメスも、コドモを運ぶことも知られています。生後3年から4年で、オスもメスも繁殖できるようになります。また、この頃になると、生まれた群れを出ます。野生のシロガオサキが15年ほど生きるといわれる一方で、動物園の個体ではおよそ36年生きたという報告もあります。

3つ目は社会です。モップくんは1頭でくらしていますが、野生のシロガオサキは3～4頭、多いときは10頭ほどで群れを作っています。群れの中にはオトナのオスが1頭から複数、オトナのメスも1頭から複数と、群れの大きさにはバリエーションがあることが最近の調査でわかってきました。かつては群れの大きさが小さく、オスとメスのペアの結びつきが比較的強いといわれてきましたが、調べてみるとそうでもないことも多いようです。

4つ目は食べ物についてです。シロガオサキは果実や昆虫など、森の中でさまざまなものを食べています。果実は甘くて柔らかい果肉だけでなく、その中の固い"種"も割って食べていることが知られています。実際にどんなものを食べているのか、あとで詳しく紹介しましょう。

文＝新宅勇太

2021年3月現在、国内の動物園で見られた最後のメス・ヨツバ。残念ながら、2019年11月10日に18歳で亡くなった。
©静岡市立日本平動物園

シロガオサキのなかま

ここでは、サキ科のなかまをご紹介しましょう。サキ科には、サキの他に3つのグループが含まれます。ヒゲサキは顔のまわりの毛が特徴的。盛り上がった頭の毛と立派なあごひげは、オスだけではなくメスにもあります。「サキ」とついていますが、見た目はシロガオサキとはだいぶ違いますね。ウアカリの1種、アカウアカリは毛が生えていない真っ赤な頭が印象的です。一方で、体は長い毛におおわれています。ティティの仲間は、この中では比較的小型で体重1kgほどです。全身が密な毛におおわれていて、その毛色の違いなどから30種ほどに分けられています。サキのなかまはどれもなかなか個性的な見た目をしたグループです。ティティもウアカリも現在、日本の動物園で見ることはできません。

そして、サキはもちろんシロガオサキだけではありません。この本にも登場する顔の周りが白ではなく金色をしたキンガオサキ、体全体が灰色をしたモンクサキなど、体毛の色などで見分けることができる8種ほどが知られています。8種ほど、としましたが新種も報告されていて、研究が続くともう少し種数は増えるかもしれません。まだまだわからないことの多いグループ、ともいえます。

文＝新宅勇太

アカウアカリ

©湯本貴和

ヒゲサキ

©根本 慧

ボリビアハイイロティティ

©高野智

アマゾンでくらすサルの高さによるすみ分け

ヒゲサキ

クモザル

オマキザル

タマリン

リスザル

シロガオサキ

　南米では、同じ場所に複数の種類のサルがくらしていることがあります。食べ物の取り合いなど、争いにならないのでしょうか？ その秘密は、森の「高さ」にあります。南米の森は日本の森とだいぶ様子が違います。木々の高さは、50m近く（ビル15階以上）になることもあります。この高い森の中で、サルたちはよく使う場所を種類ごとに変えているといわれます。

　森の高いところ、木のてっぺんに近い場所はクモザルやヒゲサキが、真ん中くらいはオマキザルなどが、そして低いところはリスザルやタマリンがよく使う、といわれます。シロガオサキは森の中でも低いところを使うことが多いようです。

文＝新宅勇太／イラスト＝岡田成生

MOP-KUN Diary
2019
FIRST HALF

公式Twitterの投稿がバズって、リツイートやいいねが徐々に伸びてきた2019年。フォロワーの皆様が毎日チェックしても、[今日のモップくん]はアップされている、という安心感みたいなものを提供できるように意識していました。おかげ様で、いいねもたくさん頂けるように。お正月や春休み、ゴールデンウィークなど大きな休みに、遠方から来られた方から「モップくんに会いに来ました」と声をかけられることも多くなりました。（根本）

1月1日

あけましておめでとうございます。元日から、モップくんはとても元気です！今年も相変わらずのモップくんですが、皆様よろしくお願いいたします。

1月5日

"むかご"ですって。モップくんの好みではなかったようです。

1月6日

首の位置がおかしい気がするけど……、これが普通。

1月2日

量産中。

1月7日

「モップおせち」作りました。
#サルおせち

1月8日

「モップおせち」をモップくんにあげました。美味しそうに食べてくれましたが、顔のかたちに作った食パンを食べたので、共喰いみたいになっちゃった。#サルおせち

1月4日

毛がはねている。
寝癖かい？ オシャレかい？

1月11日

モップくんは顔に似合わず、手足のゆびがめっちゃ細いです。そして、細かいことが好きです。

1月13日

今日は私が園内のたき火当番だったので、ほとんどモップくんに会えませんでした（寂しい）。

夕方には、モップくんは定位置で眠たそうにしていました。うん、また明日ね。

1月14日

落花生、アーモンド、カシューナッツ、黒豆。最初に取ったのは……黒豆。でも、容赦なくポイッしました。

1月15日

4択第2弾。今日はカシューナッツ……。でも、すぐポイッ。

1月19日

本日は#センター試験ですね。受験生の皆さん、朝ごはんをしっかり食べて頑張ってください!!

1月20日

今日は朝から雨で辛かったけど、午後から晴れてきましたね。

ちなみにモップくんは雨の日、外に出ないので、どうしてもモップくんに会いたい方は近くの飼育係に声をかけてください。飼育係から、モップくんに声をかけます。それでも出ない場合は、ごめんなさい。

1月22日

今日はとてもいい天気でした！でも、ずっと室内にいるインドアのモップくんです。

1月23日

彼の目的はしっかりしていた。ブドウをさっさと取って、室内に入っていきました。

1月27日

今日は栗を頂きました！美味しそうに食べてます！むいちゃった栗より、皮付きの栗が好きなモップくんです。

1月28日

昼から雪だったのに、今は雨になりました。モップくんはどっちも好きじゃない。それより蒸したサツマイモが好き。

1月29日

どうしてもモップくんの後頭部を撮りたい私と、どうしても後頭部を撮らせたくないモップくんとの攻防。後頭部を撮ろうとすると、すぐ逃げるモップくんです。

1月30日

バレないように気を付けて上から撮影していたけど、すぐにバレました。

1月31日

ラディッシュを食べているのを見ていたら、私も食べたくなってきたので、今日の夕飯はバーニャカウダにしようと思います。モップくんが落としたラディッシュは"スタッフが美味しく頂きました"ではなく、ちゃんとモップくんが食べました。

2月2日

なんもしてないのに、このドヤ顔。

2月3日

今日は節分なので、モップくんにも福豆（落花生）を歳の数だけあげました。相変わらずの食べ方です。私も歳の数だけ食べないと……口がぱさぱさになるな。

#節分の日のモップくん

2月9日

最大級の寒波が襲来していますね。各地で大変なことになっている様です。皆さん、大丈夫ですか? モップくんは寒いからなのか、いつもより丸くなっています。

2月10日

出張から帰ってきたら、モップくんはすでに寝ていました。私も疲れたから、もう帰ります。

2月11日

私の帰りを待つモップくん。だと思ってる私。いや、落花生が欲しいだけ。悲しい。

2月12日

暖かい日は、ゆっくり日向ぼっこをしていたいですよね。モップくんは晴れて暖かい日、いつもこんな感じでお昼寝をしています。脇の掻き方がおっさんみたいです。

2月13日

サルによって毛質が全然違います。モップくんは、どちらかというと固めです。1時間ねばって、ようやくモップくんのフリフリを撮影できました。スロー再生したら凄かったです、ウェーブ感が。

2月15日

2月16日にテレビ神奈川で放送される『吉田山田のドレミファイル』に、ゲスト出演するthe peggiesの石渡マキコさんのご紹介で、モップくんが写真で登場します。

残念ながら犬山では放送されないのですが、神奈川にいる皆様、是非ご覧ください。

2月16日

みかんやバナナは皮をむいてあげているので、ブルーベリーの皮もむいてほしいと思っているのですかね? 甘えているのですかね? 頼むから、普通に食べてほしい。

2月18日

イチゴって美味しいよね♪

2月23日

落花生を食べるときは、いつもこんな顔をします。目が怖い。歯が鋭い。鼻がデカイ。毎日、モップくんのご機嫌を伺いながら相手しています。未だに気持ちはつかみきれていません。

2月25日

ここ花粉飛んでんな。

2月20日

長さが10cmくらいのモンキーバナナを食べてます。皮をむくのが上達している気がする。

2月24日

今日は暖かかったですね。『読売犬山ハーフマラソン』もあり、モンキーセンターも賑わっていました。

モップくんの可愛い姿を多くの人に見てもらおうと落花生をあげましたが、1つつまんですぐ室内へ引っ込みました。サービス精神のないモップくんです。

2月20日

私の娘はゾウを見ると、「ゾウ!」と言います。キリンを見ると、「キリン!」と言います。シロガオサキを見ると、「モップ!」と言います。
いつかちゃんとシロガオサキという動物についてとモップという掃除道具について、説明してあげよう。

#飼育員あるある

3月1日

モップくんが大好きなひまわりの種をポイッするなんて!? このポーズを見るかぎり、自分はシロガオサキじゃなくて、ネコだと思ってるのですかね?

3月2日

季節外れのスイカをゲットしました。きっとザルバ様なら一瞬で食べるのでしょうが、モップくんは慎重派なので"とりあえず匂いを嗅ぐ"で終わります。というか、大きすぎて食べられない。
#スイカ #季節外れ

結局、丸のままだと食べられなかったので切ってあげました（落として割るのを期待していた）。半分はザルバ様にお裾分け。熊本県産の「ましきすいか」、とても美味しいです。

3月3日

ひなまつりです。モップくんには全く関係ありません。関係してるとすれば、鼻のかたちが菱餅っぽいくらいです。なので、全く関係ないけど、菱餅（食パンで手作り）をあげました。

3月4日

右斜め45度と左斜め45度。どちらのモップくんが、あなたは好みですか？

3月5日

モップくんの激レアな前歯が見えました。歯磨きはしてないだけどきれいです。

3月6日

モップくんが光を浴びてます。午前中だけでしたがね。今はもう外は雨。

3月10日

落花生は好きみたいですが、ある程度食べると捨てます。別に誰かにあげようとか、あとで食べるように取ってあるとかではないみたいです。落花生には、美味しい部分と不味い部分があるのですかね？

3月16日

ランチタイム！
飼育員もお昼にします。

3月18日

喰い意地がすごいの。
そのくせにグルメ。

3月19日

体にいい白ごまを、モップくん
にあげました。よく噛んで食べ
てます。しかし、あまり好みでは
なかったようです。黒ごまのほう
がいいのかな。

3月20日

落花生を貰えて、ご満悦のよう
です。

3月21日

モップくんvsきゅうり。きゅうりの
勝ち。匂いを嗅いで去っていきま
した。モップくんは本当にビビリ
なのです。ちなみに、この後きゅ
うりを割ってあげたら食べました。
いつか勝てる日を信じています。
#春分の日のモップくん

3月25日

モップくんvsパイナップル。
パイナップルの勝ち。きゅうりに
負けるモップくんが、アジア館に
いる顔がめっちゃ怖い#アカゲ
ザルの#ローレライの武器(?)
みたいなパイナップルに勝て
るわけがありません。ちなみに、
切ってあげたら勝ちました。

3月26日

大根の花は結構好きです。大
根の根本は嫌いです。飼育員
の根本は結構好きです。そう思
いたい私。

3月27日

昼寝中のモップくんの寝顔を
撮りたくて、"寝起きドッキリ"の
ようにこっそり突入。
#寝起きドッキリ #失敗

3月30日

『Twitter担当と選ぶ!! 日本モンキーセンターいいとこツアー!!』をやります。モップくんは午前中にご紹介します。誰も来てくれないと、こんな顔になっちゃいます。
#春休み

3月31日

ニューアイテムのデジカメを手に入れて「モップくんをきれいに撮れる!」と浮かれている私と、「そんなことはどうでもいいから落花生が欲しい」と思っているモップくんです。

4月1日

モップくんの背中にはチャックが付いていて、中には小さなおっさんが入っています。
#エイプリルフール
#嘘

4月2日

暖かい。眠くなる。

4月3日

今日は福岡から会いに来てくれた方がいました。
前は栃木から来てくれた方もいましたね。モップくんの知名度も高くなったものです。ありがとうございます!

モップくんはそんなこと全く気にせず、相変わらずのサービス精神のなさです。ごめんなさい!

4月6日

今日と明日は#犬山祭ですね! 犬山祭のついででもいいので、モップくんに会いに来てね!

モップくんはリンゴ飴とか似合いそう。絶対ビビって食べないけど。

というか、絶対にあげないけど。

4月7日

あと1週間でモップくんの誕生日です!! 何をしようか、モップくんと考えていたのですが、モップくんが何も返答してくれないので、普通にお誕生日会をやります。大好きなフルーツが乗った誕生日ケーキを作ります!
お楽しみに!

4月8日

2枚の写真には違いがあります。どこでしょうか？

#間違い探し

久しぶりに"どっちの食べ物が好き？"をやりました。今日はリンゴとメロンです。モップくんはリンゴを取りました。私は絶対メロンがいい！モップくんの好みはわからん。

4月10日

食用の菊を頂きました。ありがとうございます！プレゼントをくださった方のリクエストがあったので、モップくんとヒゲサキにあげました。とてもいい匂いがしたらしいです。ごめんなさい。「喰わんのかい！」ってツッコミ待ちです。

4月9日

正解はここ！お昼寝をしていると微動だにしないから一瞬ビビりますが、少しの変化で"あ、生きてる"と安心します。

4月13日

関東から来られた男の子からお手紙を頂きました！とても可愛いモップくんが描かれています！モップくんもちゃんと読んで（？）います。ありがとうございました！明日はモップくんのお誕生日です。11時にお誕生日会します！

今日はもう1通、お手紙を頂きました！しかも速達郵便で!! モップくんは、裏側のメッセージを真剣な顔で読んで（？）いました。ありがとうございます。明日も手紙が来たら［今日のモップくん］パート100までいっちゃう？大丈夫かな？心配だな。

4月14日

今日はモップくんの15歳の誕生日です。寿命が20〜25年といわれているシロガオサキにとって、15年は結構なお歳になります。たくさんの方からご寄附を頂き、モップくんに誕生日ケーキを作りました!
#誕生日のモップくん

今日はモップくんの誕生日にたくさんプレゼントとお祝いのメッセージを頂き、ありがとうございます。これからも皆様に愛されるように、努力(?)していきます。どうぞ15歳になったモップくんもよろしくお願いします。

誕生日プレゼントとお手紙を頂きました! 真剣に読んで(?)います。真剣に中身を確認しています。本当にありがとうございました! モップくんはとても幸せ者です。

栃木県の方から、郵送で誕生日プレゼントとお手紙を頂きました。ありがとうございます! ダンボールの中には、野菜と果物がギッシリ。モップくんも中身が気になって仕方がないようです。

再び誕生日プレゼントを貰いました。大量の落花生。半年は保つな。そして、寄附してくれた方がモップくんと同じ誕生日! つまり今日が誕生日! おめでとうございます! ありがとうございます! 誕生日にモンキーセンターへ来てくれたことが驚きです。

4月15日

昨日作った台の上で朝食を。そして、睨み。モップくんにティファニーで朝食は無理だな。

4月16日

GWにトートバッグを販売します。数量限定生産らしいです。私が家族と親戚分を買うとして、残り数個ですね。お早めに!
ちなみに、日本モンキーセンター限定販売です。

4月17日

そら豆の皮のむき方を覚えました。外皮は食べません。薄皮も食べません。

4月20日

今日は茨城県からモップファン(通称:モッパー)が来てくれました。プレゼントも頂いて、モップくんも喜んでおります。ありがとうございます! カメラワークが悪くてすいません。

4月21日

モップくんに新商品の最終チェックをしてもらっています。

落花生を食べながらやっているので、チェックには時間がかかります。

販売は4月27日からになりそうです。

4月22日

朝食を食べていると、娘が「モップくんみたい」と言って食べかけのパンを指差しました。

これがモップくんに見えたのなら、あなたも立派なモッパーです。というか、ちょっと心配になります。

4月24日

4月なのに、こんなに暑くなるとは思わなかったですね。メロンを先取りします。相変わらず贅沢な食べ方です。落とすのは、何かの儀式なんですか?

4月27日

今日からGW。頑張るぞー！
おぉーー! 10日間乗り切るぞー!
おぉーー!! っていう掛け合いを
やりたい。

4月29日

さやえんどうの美味しい食べ方。

①両手で持つ。
②かじる。
③中身の豆を食べる。
④皮も食べてみる。

是非、試してみてね。

4月30日

うちわを貰いました! 持って扇
ぐことはなかったですが、すご
く見ていました。ありがとうござ
います! 歌って踊れるアイドル
にはなれないので、飾らないア
イドルを目指します。令和元年
も皆様に愛されるように頑張り
(?)ます。
#平成最後のモップくん

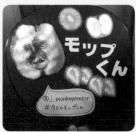

5月1日

マジ令和。

4月28日

the peggiesの石渡マキコさ
ん(@mega_makiko)が会
いに来てくれましたー!! ツアー
中なのに、ありがとうございま
す!会えて嬉しくて、職員がてん
やわんやでした。モップくんも2
ショットを撮らせてもらいました!

5月3日

ひまわりの種は大好きなんです。
かぼちゃの種はそうでもないらし
い。それよりも、私が好きみたい
です♪ いえ、違いました。落花生
が欲しいらしい……。#片想い

5月5日

GWも残り2日ですね！最後まで気を引き締めていきますよー!! 朝食もしっかり食べないと、1日保たないですよね。といいつつ、すでにお腹減ってきた。

5月6日

今日でGWが終わりましたね。銀杏をアテに、ビールが呑みたい。

5月7日

一瞬、イモムシかと思いました。

5月8日

大きなビワを貰いました。本当に大きいんです。モップくんが小さいわけではありません（小さいけど）。シロガオサキは種子食者なので、種を食べると思いきや、普通に果肉を食べています。

5月9日

ヘーゼルナッツを食べています。チョコレートに入っていると美味しいやつです。モップくんは慎重に食べています。投げキッスのようにポイッする仕草が好き。#完食

5月11日

集中すると、寄り目になっちゃいます。

5月12日

食事のときは、ちゃんと食べ物を吟味します。栄養バランスを考え、キャベツとかも食べます。

5月13日

室内の掃除をしていたら、モップくんがこちらを覗いていました。掃除のやり方を監視しているみたいです。適当にやると怒ってきます。

5月14日

いっぱい持ちすぎたから、お皿にそっと戻してみた。

5月15日

上目遣いにめっぽう弱い根本です。モップくんのは見慣れすぎたので、このくらいの上目遣いではキュン死しません。

5月19日

初めてのマンゴスチン。食べ方がわからなかったのか、モップくんは途中で食べるのを諦めました。転がるマンゴスチンを見つめる姿がなんとも言えない♡しょうがないので、皮をむいてあげました。

5月20日

後日。マンゴスチンの食べ方は覚えた。味も覚えた。だけど、めんどくさいことも覚えたので、捨てます。

5月17日

モップくんハンドタオルの検品が終了いたしました。問題ないようです。明日から販売されます!! 1枚400円。

私は子供の口拭き用に2枚買います。

#新商品

5月21日

髪をかきあげて耳にかける仕草。私は好きです。

5月22日

スイカスイカスイカスイカスイカ
スイカスイカスイカスイカスイカ
スイカスイカスイカスイカスイカ
スイカ!ってくらい、スイカが好き。

5月25日

こんなに暑いのに、よくカシューナッツとか落花生を食べられるよね。ビールがないと、絶対無理だわーーー。

5月26日

顔の左側の毛が、黒色と茶色のツートーンカラーでオシャレですよね。この写真だと、右側の毛も左側に寄せた髪型に見える。

5月27日

首筋フェチの方へお届け!
モップくんの首筋で萌えるかはわかりませんが。

6月2日

5日ぶりにモップくんに会いました。ヒマワリを貰ったので、あげてみました。口で直接、ヒマワリの種を取る姿が可愛い♡ 5日ぶりに見ると余計に…可愛い♡

6月3日

"ゆすら"なるものを頂きました。甘酸っぱくて、とても美味しいです。

改めて説明させていただきますが、シロガオサキは種子を好むサルです。なので、モップくんも種子を食べると思いきや、種をぶん投げて去っていきました。

6月4日

モップくんを撮る人。ちゃんとカメラ目線なのが、モップくんのいい所でもあり、悪い所でもある。アイドル気分か!

6月5日

尾の先から頭にかけて見てみましょう! あなたの好きな部分はどこですか? 皆様の好きなつむじを写せなかったのはすいません。

6月8日

女優の#竹下景子さんが、モップくんに会いに来てくれました。しかも、スイカを大量に持って! モップくんも大喜びです! まさか、竹下景子さんもモッパーだったとは! #親善大使

6月9日

#竹下景子さんから頂いたスイカは、少し加工をしてモップくんにあげました。美味しそうに食べてます。スイカを食べ飽きたのか、途中で落花生を要求してくるモップくんでした。

6月10日

手を伸ばした先には何があるでしょうか? 答えは簡単ですね! 大好きな落花生です。

6月11日

マンゴーの切り方は、これしか知らない。本当は自分が食べたいけど、モップくんにあげました。ちゃんと1つずつ食べるんだね。

6月15日

ある日の娘との会話。
娘「パパ、今日は仕事行ってきた?」私「うん」娘「モップ?」私「うん」娘「そっかぁ」。

娘の中で、私の仕事はモップくんのお世話だけらしいです。他にもいろいろしてるけどなぁ。

#父の日

6月16日

エビバディパッション!! とか、言わない。言えない。だって、モップくんはパッションフルーツ嫌いなんだもん。

6月17日

寝ているモップくんを呼んでみた。
#反応 #寝起き

6月19日

モップくんの持てる大きさは、ビリヤードの球くらいが限界のようです。ソフトボールくらいの大きさだと持てないみたいです。チベットモンキーの#ザルバ様なら、こんな小玉のスイカなんてひと飲みなんだろうな。

6月23日

笹の葉で作った箱の中に、ヒマワリの種やナッツが入っています。器用に転がして食べてくれました! #エンリッチメント

6月29日

「モップくんは夕方4時には寝ちゃいます」と話してきましたが、最近は蛍の光が流れても起きています。夏モードになりました。

6月26日

サルたちは桃が大好きです。
モップくんは、果肉も種子もどっちも大好きです。
もちろんモップくんは自分で種を割れないので、割るのは飼育員の仕事です。

6月22日

園内のヤマモモが赤く実りだしたので、あげてみました。念のため、アーモンドも一緒に添えてみたのですが、添え物にしか興味がないようです。"残りはスタッフが美味しく頂きました"とかはなく、普通にポイッです。#好き嫌い

6月30日

自然な流れでポイッされると、美味しかったのかわかりません。ちょっと自分でもビックリした顔してるし。

モップくんの1日

モップくんは基本的に1日中、"のんびり"と自分の時間を過ごしています。理由はきっと2つあって、1つは野生のシロガオサキにとっての猛禽類のような"敵"がいないからです。自分が安全な場所にいることがわかっているのだと思います。もう1つは、1頭でくらしていて競争相手がいないからです。隣にいるヒゲサキやウーリーモンキーにちょっかいをかけたり、かけら

れたりという刺激はありますが、食べ物や休息場所の取り合いにはなりません。そして、モップくんは来園者や飼育員が来ても"マイペース"をつらぬきます。私がSNS用の写真を撮りに放飼場へ入っても、モップくんは定位置の台の上で無防備な恰好で寝続けます。そんなモップくんがたまにうらやましいと思ったりもします。

文・撮影＝根本 慧

いつでも～ 隣にちょっかい

隣にはヒゲサキとハイイロウーリーモンキーがいます。かまってほしいのか、威嚇しているのか、羨ましいから見に行っているのか、モップくんにしか理由はわかりませんが、1日をとおしてよくちょっかいを出しています。ピーッと鳴いたり、金網を叩いたりします。

16:00～ 休息

いつも夕食を食べ終わると、休息タイムになります。冬でも夏でも関係なく、この時間からはあまり動こうとしません。室内の上部にある外が見える小窓でいつも寝ています。

7:00～ 日向ぼっこ

朝は6～7時に起きて動きはじめます。季節は関係なく、天気のいい日は朝からおなかを太陽に向けて日向ぼっこをします。地面に寝転ぶのがデフォルトですが、私の作った台の上でもよく寝ます。冬は太陽が登る時間が遅いので、朝は室内にいます。太陽が出ていても、寒い日はずーっと室内で引きこもっています。

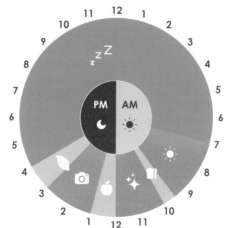

9:30～ 朝食

朝からいっぱい食べます。ミルクにひたした食パンが大好物です。多少こぼしてもお構いなしです。

10:00～ 毛づくろい

モップくんは1頭でくらしているので、自分で毛づくろいをします。しっぽから念入りにやりはじめます。美しい毛並みになるためには、日頃のお手入れが大事なようです。

15:00～ 夕食

1日の食事のメインになります。好きな物から順番に食べますが、その日によって好みはまちまちです。

13:00～ ［今日のモップくん］撮影

SNS用の写真や動画は、午後から撮影することが多いです。飼育員が比較的動きやすい時間帯というのと、この時間がモップくんを一番可愛く撮影できるからです。私が勝手にそう思っているだけかもしれませんが。

12:00～ 昼食

高さ3mくらいの天井に設置されたリンゴを取りに行きます。朝食と夕食はお皿から食べますが、昼食はワイルドに食べます。ぶら下がって食べる姿を見ると、野生ではこんなふうに食べているのかなと思ったりします。

040

野生のサキのくらし

シロガオサキに近いなかまであるキンガオサキのくらしを、研究者が紹介します。

森が少しずつ明るくなる、朝6時すぎ。鳥たちのさえずりの中で、サキの1日が始まります。寝起きはおなかがすいているのでしょう。すぐに食べ物を探して移動を始めます。好物の果実がなる木から木へ、移動と採食を繰り返し、1日に合計1〜2kmほど移動します。

途中で他の群れと出会うと、とたんに緊張が走ります。せっかくの採食場所を取られてしまっては大変！とばかり、体を大きく膨らませて枝を揺らし、よく響く声で縄張りを主張します。警戒すべき相手は、他の群れだけではありません。サキの天敵は、空から襲ってくるオウギワシなどの猛禽類です。身の危険を感じると、サキはさっと散らばって隠れ、群れの出会いのときとは対照的に、忍者のように息をひそめます。

寒いのが苦手とされるサキですが、暑すぎても活動性が落ちるようです。気温が35℃近くなる乾季の正午頃には、30分〜1時間ほど、ほとんど動かない休息の時間があります。休むときは枝の上に腹ばいになることが多く、モップくんのように地面に寝転ぶことはありません。オトナたちが休んでいる間もコドモたちは活発で、蔦に逆さまにぶら下がって掴み合うなど、アクロバティックな遊び方をします。

暑い日の午後には、突然バケツを返したような土砂降りになることがあります。そんなとき、サキは大急ぎで丈夫な枝に移動し、くるりと丸まってしっぽに顔をうずめます。そうして雨が止むまで、じっと待つのです。雨の後は長い毛が体に張り付いてやや貧相な見た目になりますが、ブルブルッと体を震わせるとあっという間に空気が入り、いつもの姿に戻ります。

サキの活動時間は他のサルと比べて短く、モップくんと同じで、午後4時頃には活動を終えて静かになります。寝るときは、1頭ずつ別々の木に登って、雨のときと同様にくるりと丸くなります。なぜみんなでまとまって眠らないのか、はっきりしたことはわかりませんが、高い枝で丸まっているサキの姿は、地上から見ると、シロアリの巣と本当によく似ています。もしかしたら、そうしたカモフラージュの意味があるのかもしれません。

文・撮影＝武 真祈子

ブラジルにだけ生息するキンガオサキ。シロガオサキとよく似ていますが、顔の色が違います。このオスは、顔の色とかたちから「かぼちゃくん」と名付けました。

キンガオサキも雌雄の毛色が違います。森の中ではメスを見つけるほうが難しいです。オスとメスは寄り添って休んだり、互いに毛づくろいをしたりと、仲のいい様子が見られます。

モップくんの食べ物

リンゴ　　　　　サツマイモ　　　　　トマト

キャベツ　　　　粉ミルク　　　　　ゆで卵

モップくんの健康を考え、適量を食べてもらうようにしています。

　モップくんの食事は1日3食。朝はサル用の固形飼料2種類・バナナ・人用赤ちゃん粉ミルクにひたした食パンを食べます。昼は天井に置かれたリンゴを取り、天井にぶら下がったまま食べます。夕方は蒸したサツマイモ・オレンジ・トマト・バナナ・ゆで卵・サル用固形飼料・葉っぱ(キャベツや白菜など)を食べます。その他に落花生やヒマワリの種などを、食事の合間に飼育員から貰って食べています。

　日本の動物園で生まれ育ったモップくんは、好きな食べ物が季節により変化します。印象としてはその季節に旬の食べ物が好きで、例えば夏は水分の多いスイカやメロン・桃、秋になると柿・ブドウ・栗・梨を好んで食べます。しかし食べすぎると、飽きてしまいます。変化が急すぎて、そのたびに飼育員は「具合悪いのか」とマジで焦ります。

　年間をとおして好きなのは、落花生とドングリ(秋に集めて冷凍保存)です。シロガオサキは種子食者なので、モップくんも種や硬い実が好きです。落花生は外の硬い殻をきれいにむき、茶色い薄皮も細かく取り、中身だけを食べます。モップくんには食べるときの"こだわり"みたいなものがあり、本当に嫌いな食べ物は容赦なくポイッ(捨てる)します。種ならなんでもいいわけではないようで、果物によっては食べない種もあります。殻付きクルミをあげると、自分では割れないとすぐにあきらめ、私を見てきます。殻をむくと、当たり前のように中身だけ食べて満足したような顔をします。甘やかしているのは、自分でもわかっています。

文=根本 慧／イラスト=岡田成生

野生のサキの食べ物

イナジャ（果肉）　　　カピチウ（種子）　　　インガ（果肉、種子）

パラゴムノキ（種子）　サプカイーニャ（果肉、種子）　バカバ（果肉）

大きさはさまざまで、インガのさやは1m近くあります。

　サキが食べる果実はとても多様で、ここに描かれているのは、そのほんの一部です。ご覧のように、果実の種類によって、果肉を食べるのか、種子を食べるのか、それとも両方食べるのかが違っています。モップくんと同じで、野生のサキも、固すぎる種子は食べられません。一方で、簡単に食べられそうな固さ・大きさの種子でも捨てることがあるので、おそらく、栄養成分や毒成分もサキの食物選択に関係しています。私の調査地で、サキが1年間に利用した果実の種数は140種。同じ場所に生息しているリスザル（種子を食べない）のおよそ2倍でした。「種子だけ」でも「果肉だけ」でもなく、果肉と種子両方食べられることが、サキの食べ物の選択肢を広げているのでしょう。

　モップくんは落花生を上手に処理して、食べたい部分だけを食べるようですが、これも「サキらしい」行動だといえます。種子食者として進化したサキの仲間は、殻などにおおわれているものを取り出して食べる「取り出し採食」が得意です。たとえば野生のサキが好んで食べるサプカイーニャという果実は、フタつきのお鍋のような構造で、フタを外さないと中の種子を食べられません。サキは、このフタとお鍋の接着部分にうまく犬歯を突き立て、きれいにフタを外すことができます。イラストにあるインガのようなマメ科果実のさやも、あっという間にむいてしまいます。こうした取り出し採食は、生まれつきできるわけではなく、母親や年上の個体の様子を観察し、何度もトライすることで習得するようです。

文＝武 真祈子／イラスト＝岡田成生

MOP-KUN Diary
2019
SECOND HALF

いいねが1000を超えることが多くなり、頂き物もすごく増えたのがこの頃。また、動画を
アップしたほうが見てくださる方が増えるということがわかって、動画をアップする回数が
増えました。この本では、それらの動画から切り取った写真を掲載しています。見てくださ
る人が増えたおかげで、こんなモップくんが見たいというリプライもたくさん頂けるようにな
りました。(根本)

7月1日

口が半開きですぞ。

7月6日

子供に「野菜も食べなさい!」と言いますが、なかなか聞いてくれないので「ほら、モップくんも食べているでしょ!」と映像を見せて話します。

でも、モップくんの映像を見せすぎると、そのうち食べ物を下に落とす子供になりそうで怖い。

7月2日

犬山は梅雨の晴れ間で、とても暑かったです。そこで、モップくんに凍ったビワをあげました。冷たい…けど食べたい。って気持ちがわかります。知覚過敏…ではないと思う。
#カチコチフルーツ

7月3日

その後、凍ったビワを時間をかけて食べていました。

7月13日

夏休みを頂いて、6日間いませんでした。モップくんもさぞかし寂しかったでしょう! ……うん……んなわけないな。あ、明日は『甲子猿』※1の南ライス初戦だね!

7月7日

殻付きのアーモンドは、モップくんの顎の力では割れないようです。この後、ちゃんと割って中身をあげました。
モップくんの七夕の願い事は"固い殻も割れるように強くなりたい"ですかね。
頑張れ! モップくん!
#七夕のモップくん
#七夕の願い事

7月14日

今日の#甲子猿で勝利しました。ご褒美に凍らせたメロンをあげました。とても美味しそうです。この夏も"ぐーたら"して頑張るぞ!!

※1 日本モンキーセンターで毎年夏に開催される飼育施設対抗なんでもアピール選手権大会。
　　ちなみに、南ライスとはモップくんのいる南米館のチームのこと

7月15日

落花生が好きすぎて、目が血走っているようです。
ちょっと落ち着いて!

7月16日

ずっしりと重いトウモロコシでしたが、これならモップくんも持てるみたいです。

それにしても、モップくんが持つとトウモロコシが抱き枕みたいです。

7月18日

梅雨の時期は薄皮が手にくっ付いて、本当に嫌なんだと思う。一生懸命はらっています。

7月21日

16日の続きがありましたので、皆様にお届けします。相変わらずの抱き枕感はお許しください。

7月23日

女優の竹下景子さんより枝豆を頂きました!!

モップくんは"情"とか"想い"とか"空気"とかわからないので、いらないものは"いらない"と言います。ごめんなさい。

隣のウーリーモンキーが美味しく頂きました。

7月24日

35℃超えるとこうなります。

7月29日

私のハートは受け取ってもらえませんでした。心が冷たいことに気付いたかな?

7月30日

ほぼ実物大のモップくんデザインのTシャツを、ユニクロUTme!で販売しています。モッパーの方は是非お買い求めください！ちなみに、手提げバッグやパーカーにもできます。

7月31日

先取りで梨を頂きました。くちゃくちゃ言いながら食べています。

8月1日

8月3日（土）から、園内のレストラン『楽猿』で「モップくんカレー」を販売開始します。モップくんの顔を崩すのが嫌だから、結果的に普通のカレーも注文することになっちゃいます。

8月4日

私が2日間休んでいる間に、ちょっとだけ巨大化していました。
#マクワウリ

8月5日

この歯型はなんだ!?

作成者です。寄附していただいたメロンを美味しそうに食べています。それにしても、上手に食べるなぁと感心します。

8月6日

腕によりをかけて作ったわけではないので、全然気にしていません。全然全然気にしていません。本当に気にしていません。私は平気です。泣いてなんかいません。
#連続ポイッ

8月12日

お中元を頂きました。「この葉っぱは食べられません！」「ブドウは捨ててはいけません！」言葉は通じないから、自力で覚えてください。
皆様、まだまだ暑い日は続きますが、お体に気を付けて#モップくんに会いに来てください。
#お盆

8月13日

ピーカンナッツを食べると、天気がピーカンになるよ!!
……じゃあ、みんなでツッコもう!
せーのっ!「喰わんのかい!!」

8月14日

最近のお気に入りの場所です。

8月15日

台風が来るせいか、ソワソワしています。私もソワソワしています。

8月16日

『#千と千尋の神隠し』を観ていたら#モップくんに会いたくなってきた。なんでだろ?
#カオナシ

8月18日

急な夕立。そして、誰もいなくなる。いや、最初からそんなにいなかったよ。

8月19日

ぶりっ子ポーズ。

8月20日

モップくんの#ぶりっ子ポーズをアップしたら、事務の今井さんに「昭和だね」って言われました。私も昭和に生まれたので仕方がないです。
あと、モップくんはぶりっ子ポーズをしていたのではなくて、実はただヒマワリの種を食べていました。
#昨日のモップくん

8月21日

落花生を捨てるフェイントをした後、部屋に入るフェイントをいれてきました。"うわっ、やられた!"とは思いません。"ちょっとお尻見えたけど大丈夫?"と思っています。

8月22日

夕食の時間、隣で騒いでいるウーリーモンキーが気になってしょうがないモップくん。立ち去り方の#コソ泥感が強い。

8月25日

モンキーセンターの飼育員は毎日愛情を持って担当のサルを見ているので、そのコの癖をよく知っています。モップくんは座るとき、右後肢のゆびを曲げます。可愛い(?)です。

8月26日

モップくんvsドラゴンフルーツ。果たして!!
モップくんはカラフルなドラゴンフルーツを食べることができるのか!?
試合結果:引き分け(ほぼ負け)。

8月27日

どこを食べたらいいのかわからないらしい。
#イチジク

8月29日

秋の味覚を堪能しています。食べ終わった後にちゃんと皮を返してくれたら、もっと可愛いのに。皮も食べてくれれば、可愛いのに。巨峰2つを頭の上に持っていって耳みたくしたら、可愛いのに。#巨峰

8月30日

高速しっぽふり。
たまーーーーーにやる。
#激レア

9月1日

美味しそうに梨を食べています。「モップくんの好きな食べ物はなんですか?」という質問をよくされます。決まって"落花生"と答えますが、本当は旬の果物が好きです。贅沢なやつなんです。本当に。

9月2日

シャインマスカットを食べていま
す。左手に注目してみてください。

口に入れるときは、手の平を上
に向けて「うまーーーっ!」ってや
ります。謎です。多分、癖です。

本人は気付いていません。可
愛い(?)です。

9月3日

モップくんのモップくん。そんな
深い意味はないです。下ネタ
に聞こえたらそうかもしれません
し、格言に聞こえたらそうかもし
れません。

9月4日

モップくんは食べるのに夢中です。
撮影されているのに気付いてい
ません。いや、邪魔だと思ってる
のかな。たまにチラ見してくる。

9月8日

しゃっ!

9月9日

夏が戻ってきました。
暑くてモップくんもだらけてい
ます。

9月10日

う〜ん……怖い。いや……か
わ……ぃ……無理だ! 怖い!!

9月11日

あと何年後かに、この髪型が
流行ると思います。時代がモッ
プくんに追い付いてないだけで
す。街行く人みんな、この髪型
になっています。いくら流行って
も、私は絶対やらないけど。

9月12日

モップくんは落花生が好きです。ですが、外皮と薄皮は贅沢思考のモップくんにとっては、ただのゴミです。捨てるスピードがハンパねぇです。

9月16日

大きな栗を頂きました。もう秋ですね……。"犬山の最高気温35℃"……真夏日じゃねぇか!!残暑にしても残りすぎだよ!

9月18日

飼育員は毎日愛情を持って動物と接しているので、動物の表情を見ただけで、その個体の喜怒哀楽がわかります。この4枚の写真で、モップくんが喜んでいるのはあれだけです。

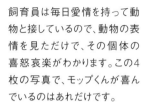

 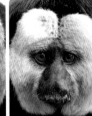

9月20日に続く

9月13日

月の模様は"餅つきをしているうさぎ""カニ""ヒキガエルの頭と前足"など、いろんなかたちに例えられています。

でも、よく見るとモップくんにも見えるでしょ? モップくんに見えた方は多分疲れています。
#中秋のモップくん #満月
#中秋の名月

9月15日

モップくんは、アボカドを食べています。アボカドサラダとかアボカドシュリンプサンドイッチとか、お店にあったら頼んじゃいますよね!

食べすぎると飽きちゃいますよね。この後、ポイッしました。

9月19日

スイカもメロンも食べ納めです（多分）。秋は梨、ブドウ、栗、柿など、たくさん美味しい果物があります。どれもモップくんは大好きです。最近ちやほやされて贅沢思考のモップくんなので、食べすぎ与えすぎには注意ですね。本当に。

9月20日

左上：眩しい。
右上：気持ちここにあらず。
左下：ピーナッツを貰えそうで
嬉しい。
右下：ピーナッツを貰えなくて
怒ってる。

本当の気持ちはモップくんにし
かわかりません。あくまで一番
近くにいる私の見解です。

9月24日

「焦らなくてもいいんだよ。自分
のペースでいけばいいんだよ」
と、教えてくれます。

9月25日

もしゅもしゅ～と落花生を取り
に行って、もしゅもしゅ～と帰っ
てきたモップくんです。きもちわ
……可愛いです。

9月22日

同じ大きさの#栗を食べていま
す。モップくんが小さすぎるわけ
でもなく、ザルバ様が大きすぎ
るわけでもありません。
みんな違ってみんないいってい
う道徳の教科書に載っていた
気がする、そんなやつです。

#モップくんとザルバ様
#秋の味覚

9月26日

今日は無限にポイッが見られ
る! と意気込んでいた私です。
モップくんは基本的に思い通
りに動いてくれないので、モッ
プくんに期待していた私が間
違っていました。
種を全部取ってあげるまでしな
いといけなかったですね……。
過保護か!
#ひまわりの種

9月23日

モップくんがコソコソと何かをやっていたので呼んでみました。振り向
いて、「えっ? 私を呼びました?」みたいな顔のモップくんが大好きです。

近寄ってきてくれてとても嬉し
いけど……ごめん。何も持って
いない。

9月29日

ピスタチオがあれば、ビール3杯くらい飲める私です。

ジェラート屋さんでたくさんの種類のジェラートがある中、ピスタチオ味があると頼んじゃいます。つまみにもスイーツにもなるピスタチオは凄いと思います。

#写真と関係ない

10月1日

臭いといわれている南米館ですが、この時期は周りに生えている金木犀のおかげでいい香りに包まれます。
この香りの正体を知らないモップくんに、答えを教えてあげました。

モップくんは、そんなに好きな香りではなかったようです。

10月3日

娘の好きなサルが#モップくんから#ワオキツネザルになりました。王道の可愛さを知ってしまったのでしょうか。お友達との好みの違いに気付いたのでしょうか。ちょっと悲しいです。いつかモップくんに戻ってきてほしい。
#育児 #父の悩み
#切なる願い

9月30日

この黒いモップみたいなのが、モップくんです。

10月6日

事務部の今井さんからイチジクをもらいました。

食べるときの態度が悪いけど、何かありました?? そして、去り方がコソ泥感強めです。

何かありました??

10月7日

#ドングリを食べています。「落とすとめいちゃんに見つかるよ」と教えても、「こいつ、何言ってんだ?」って顔でドングリを地面に落としています。あ! 出てる作品が違いましたか! #となりのトトロ

10月9日

小さい頃、よく木に登ってアケビを採って食べていました。最近の子供は食べ方とかわかるのかな? モップくんは知らないらしいです。

10月13日

#ベビーパーシモンとやらを頂きました。多分#柿です。私も食べたことがないので、もしモップくんが「いらない」ってなったら貰おうと狙っています。
くれる気配は全くないです。

10月15日

何かの儀式だと思います。
見つかると、
焦って逃げていきます。

10月16日

コソ泥いました。

10月21日

ポポー? ポーポー? 名前がよくわからない果物をあげました。名前がよくわからない果物はいらない、とポイッされました。

10月10日

trick or treat!!
モップくんは仮装しません。「仮装してるんじゃないの?」と勘違いされやすい顔だけです。
#ハロウィン
#ジャックオーランタン

10月21日

trick or treat!
今年のハロウィンはこの仮装を
して、犬山のスクランブル交差
点を練り歩こうと思います。

#今日のモップさん
#仮装
#コスプレ
#ハッピーハロウィン
#スクランブル

10月30日に続く

10月23日

右手でマイクを持って左手でこ
ぶしをきかせている演歌歌手
に見えますが、どんぐりを食べ
ているだけです。歌ったとしたら
「ピェー」と鳴いたくらいです。

10月27日

愛知県祖父江町の#銀杏を頂
きました。藤九郎の3Lと書い
てあります。すごく高級品らし
いです。
モップくんもお高いのがわかるよ
うで、私が園内で拾った銀杏は
すぐに捨てたのに今回はちゃん
と食べました。
途中で、さっさと捨てましたが。
#贅沢

10月24日

洋梨を食べています。安定の
コソ泥感と贅沢な食べ方です。
いや、手が雨で滑っただけだと
信じたい。

10月28日

遠足日和で、園内は賑やかでした。モップくんの前に園児たちがいた
ので、「あそこで休日のお父さんのように寝ているのがモップくんだよ」
と説明しました。笑ってくれたのは先生だけでした。例えがよくなかった
かな?

10月29日

メッセージ付きのプレゼントを頂きました。ありがとうございます。とても素晴らしい袋だったようです。※袋はモップくんが食べる前に回収いたしました。#枝豆

10月30日

「また変なの持ってきた」と思ってる。
#ハロウィン
#ジャックオランタン

明日はハロウィン♪
明日はハロウィン♪
#今日のモップさん #仮装
#ハロウィン #モップくん

10月31日に続く

10月31日

モップオランタン作ってみたよ。
#ハロウィン

モップくんにモップオランタンを見せました。「どうでもいいから、頭の中の落花生をよこせ」と去っていきました。

今から犬山駅前のスクランブル交差点に向けて出発します。多分、このペースなら19時すぎには着けるかな。
#今日のモップさん #仮装
#スクランブル #ハロウィン

スクランブル交差点をジャックした。
#今日のモップさん #仮装
#スクランブル #ハロウィン

11月3日

白長ナスを頂きました。
途中、モップくんが杖を持った
魔導士にしか見えません。そし
て、ちょっと強そう。

11月4日

モップくんが大きくなりました。
リンゴも片手で持てます。
#ヒメリンゴ #アルプス乙女
#錯覚

11月5日

メロンを見て駆け寄ってきたけ
ど、切られてないのに気付いて、
ちょっとガッカリして去っていき
ました。頑張って噛み砕こうとは
しない、優しいモップくんです。

11月6日

#ハヤトウリを貰いました。

丸々1個あげたら、「これ、食
べ物ですか?」みたいな反応
されました。

さすがに可哀想だと思ったの
で切ってあげました。ちゃんと
良心もある私です。

11月10日

#瀬戸ジャイアンツ対モップくん。
ギリギリの戦いとなりました
が、どうにかモップくんが勝ち
ました。しかし、相手はあのジャ
イアンツでしたので、疲労困憊
おなかいっぱいです。

夕方の餌を減らしました。
次回はドラゴンと勝負かな。

11月11日

アジア館担当の武田から、ソフ
トボールくらいの大きさの柿を
もらいました。

「いや、絶対喰わないよ」と、思っ
た人。

正解です。
モップくんも「これは??」って感
じで、一瞬フリーズしました

11月12日

朝モップしてきました。モンキーフードをポロポロ落としながら食べていますが、何故かチキンナゲットに見えてきました。

そして、何故か黄色のMマークのお店に行きたくなってきました。

11月13日

上からのアングルで撮影しました。餌を見せたときのダッシュの姿がとても怖い。ヒグマくらいの大きさじゃなくて、本当によかった。

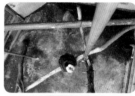

11月14日

「シロガオサキは果実や種子を食べるだけではなく、葉っぱなども食べます」と、モップくんは教えてくれています。
「葉っぱではなく、枝のほうが美味しい」というのも教えてくれています。

本当かな?
モップくんの好みの問題かな?

11月16日

キウイをもらってアゲリシャス♪

11月17日

ごろ～ん…。顔は直視しないことをオススメします。

11月19日

5日に見せたメロンが熟したので切ってあげました。
「いや、もっと1口サイズに切ってくれないと食べませんよ」って感じで、どっかに行きました。

メロンを1口サイズに切ってあげました。
「あ、もうメロンはいらないです」って感じで、どっかに行きました。
はぁ〜……帰ります。呑もう。

11月20日

寒いのでポケットに手を入れると、「何か出すんじゃないか?」と手元を凝視してきます。

チラチラとこちらの顔色を伺いながら。

でも、ごめん、
本当に何もない。

11月24日

問題です!
モップくんが最初に取る食べ物はどれでしょうか? シンキングタイムは15時間くらい。
#選択問題

11月25日

正解はこちら! 柿を口に入れて、サツマイモを持ち去りました。洋梨は触りもしない。#正解発表

11月25日

はっけよーい!

11月26日

モプ地蔵。

11月27日

14時30分からKIDSZOOで、もぐもぐ体験あるのかぁ…行きたいなぁ…鼻かゆいわぁ…おなか減ったなぁ。今日は平和だ。

11月28日

#コタツにミカンが似合う季節になってきました。ミカンを食べていると、娘が「モップくんみたいだね」と言ってきたので「何が?」と返すと、コレを見せてきました。お願いだから、同じことを友達には言わないでほしい。

12月8日

今日は泣きたくなるほど忙しくて、モップくんに会えなかったので、リンゴを切りました。

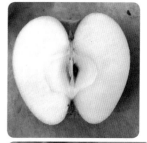

12月2日

愛媛県産の#富士柿をもらいました。前よりは成長したみたいです。2口噛みました。

12月5日

今年一番可愛い顔のモップくん。

12月4日

寒い日は室内にいることが多いです。モップくんが室内から出てこないときは、遠く離れてしまう彼氏(or彼女)を呼び止めるように呼んでください。慌てて飼育員が出てきます。

12月9日

途中でいらなくなった食べ物は、お皿に戻していただけると大変ありがたいです。と、飼育員は思っています。#冬瓜

12月10日

「お尻みたいなサル」と言われました。

隣にもっとお尻みたいなサルがいるのに。

正確には"お尻みたいな髪型のサル"ですが。

#ヒゲサキ

12月11日

完食→好き♡
しばらく食べてポイッ→食べ飽きたor他に美味しそうな物があった。
一口食べてポイっ→好みじゃない。
匂いを嗅いでいなくなる→食べ物じゃないと思っている。
近寄ってもこない→また変な物持ってきやがったと思っている。

12月12日

「モップくんの顔と同じ大きさの梨を持ってきました!」と、巨大な梨をもらいました。
モップくんは大きく思われがちです。

皆様が思うほど大きくないので、実物を見たときにガッカリしないようにお気を付けください。

マジで。

12月14日

実家で餅つきをしました。

モップ餅を作ってみましたが、親戚からは「フクロウみたいだね」「お○り探偵みたいだね」と言われる始末です。
まだまだ普及していないようです。

#モップ餅

12月18日

#クリスマス直前に、モップくん靴下がビジターセンターで販売されました!

これはつまりそういうことです。枕元に吊るしておくと、モップくんみたいなやつが何か入れてくれるかもです。

#サンタが決めるプレゼント

12月20日

ドングリを食べているときはぶりっ子になるか、ファイティングポーズになります。これは目が怖いので、後者ですかね。

12月19日

#クリスマス直前に、モップくんのフェルトストラップがビジターセンターで販売されました!

50個買ってツリーに飾ったら可愛いなぁと思っていたけど、在庫と財布の中身がなかったので、根本家はクリスマスをやらないことにしました。

12月22日

コソ泥がいました。
監視カメラに、顔がバッチリ写りました。

11月23日

今日はとっても楽しかったね。
明日はもーっと楽しくなるよね。
モップくん。「ピエッ」

12月24日

メリークリスマス!
「こんなツリーを時間かけて作る
暇があるなら、もっと掃除してく
れ」と思っているモップくんです。

星を取られました。

12月26日

俳優の三宅弘城さん、片桐 仁
さん、小柳 友さんが、モップく
んに会いに来てくれました。皆
様、とても熱心にモップくんを
見てくれて感無量です。モップ
くん、お願いだから三宅さんを
食べないで。

12月29日

芽キャベツの美味しい食べ方が、
いまいちわかっていないモップく
んと私です。
キャベツのように、外皮はむいた
ほうがいいのでしょうか? ロール
芽キャベツとか作ったほうがいい
のでしょうか?

12月31日

まぁ、よくあるネタです。

他と違うのは、
モップくんということだけです。

12月30日

隠し撮りをしていたら、モップ
くんにバレました。怒られるかな?
と思いましたが、むしろ"ちゃん
とカッコよく撮れよ"と言わんば
かりに、くちゃくちゃ音をたてて
食べ続けています。

歴代飼育員が語るモップくんのあれこれ

今や日本モンキーセンターを代表する人気者となったモップくんですが、
来園当初はどんな風に過ごしていたのでしょうか?
5年間、南米館の飼育担当を務めた堀込亮意飼育統括と
根本 慧が来園当時の様子、注目を集める存在となった現在、そして未来について語りました。

若い頃のモップくんは
特別に目立つ存在ではなかった

**――飼育担当だった当時のモップくんに、
どんな印象を持っていましたか?**

堀込 今のアフリカセンターを経て、南米館の担当になりました。私が担当したときにはすでにモップはモンキーセンターにいましたが、当時はまだまだコドモで。若くてすばしっこかったので、逃げないようにきちんと扉を閉めることを徹底していたのを覚えています。

――根本さんが最初に出会ったのは?

根本 専門学校生だった2007年、モンキーセンターへ実習で来たときだと思います。全ての施設で学ばせてもらったので会っているはずなんですけど、実は全く覚えてないんです（笑）。他にもいろんなサルがいましたし、覚えなければいけないこともたくさんあったので、それどころではなかったんでしょうね。翌年入社して、ふれあい動物施設やアフリカ館の担当を経て、南米館の担当になりました。そこからモップをじっくりと見るようになっ

て、その面白さに気付いたんです。

堀込 今でこそモップは人気者ですが、当時は目立つ存在ではありませんでした。だから、私が担当していた頃は、他のサルたちと同じように接していただけといいますか。

根本 顔に特徴がある南米のサルの中で、"シロガオ"と付くサルはサキだけではなく、マーモセットやオマキザルにもいるんです。そういうこともあって、特別に目立つ存在ではなかったということですよね?

堀込 そうだね。当時の日本モンキーセンターには、ゲラダヒヒやエンペラータマリンなど珍しいサルがたくさんいたんです。例えば、今のビジターセンター内でマーモセットを飼育していたんですが、水槽の中で自ら撒き餌をして集まってきた小魚をすくって食べる姿が注目されていた。他にも、ブエノスという50歳のクロクモザルが、世界的長寿ということで話題にもなっていました。

根本 モップくんが来園した2006年にモンキースクランブル（注：檻のない展示施設）が、その前年にはWaoランドもできたりと、目玉となる施設が登場した時期でもあったんです

よね。モンキースクランブルは画期的な飼育方法として、テレビCMでも紹介されていましたし。

堀込　そうだね。今、Waoランドにいるワオキツネザルたちは、閉鎖された石垣島の施設からやってきたんです。当時、(準備のために)石垣島へ何度も足を運んでいましたし、モップがモンキーセンターでくらすようになってからもやらなくてはいけないことがたくさんあって。

根本　だから、2歳の若いシロガオサキが来園したとしても、トピックになりにくかったということですね。

堀込　そう思うと、当時のモップには可哀想なことをしたかもしれない。根本が注目して取り上げてくれてよかった。でも、まさかこんな人気者になるなんて……。あの頃では考えられないことでした。

注目を集めてくれたモップくんには感謝している

—— モンキーセンターの人気者になった現状を、どう見ていますか?

堀込　たくさんのお客様が来てくださるのは本当にありがたいですし、嬉しいことですね。関心を持って実際に足を運んでくださるのは、根本がTwitterに[今日のモップくん]を上げ続けてくれたからこそです。2014年4月に公益財団法人となってから、ただ待っているだけではお客様に来てもらえないと考えて、どんどん宣伝して魅力を発信しようということになったんです。伊谷(原一)所長が私たちと同じ考えを持っているので他には見られないような挑戦もできるのですが、実際、行動に移せたのは若い飼育員たちがいたからこそ。飼育員がSNSをとおしていろんな発信をしてくれたおかげで、今では多くの寄附を頂くようになりました。決まった年間の予算でやりくりしなければいけない中、モンキーセンターでくらすサルたちは本当に幸せですよ。モップなんて、見たことがないような果物や

野菜をたくさん]頂いているだけではなく、それらをちょっとつまんでポイッする余裕もあるわけですからね。

根本　確かに、今モップくんが食べている種類は、皆様のおかげで野生と同じくらい豊富だと思います。

堀込　SNSを通じて知ってくれた方々は、それぞれの飼育員が自分の担当するサルたちを大事にしていると実感してくださってるんでしょうね。(注目を集めるきっかけを作った)モップにも感謝しています。

長生きしてもらうためには毎日の観察が不可欠

—— 今後、モップくんにはどんな風に過ごしてほしいですか?

根本　もちろん長生きしてもらいたいですよね。日本平動物園のミツオくんが26歳だと知って驚きましたし、10年経ってもこんなふうに元気でいてくれるのかもしれないと希望を持つことができました。南米のサルって飼育例が少ないこともあって、わかっていないことが多いんです。シロガオサキの寿命もそうで、もしかしたら30年生きるかもしれない。そうなることを願ってますけれど。

堀込　長生きしてもらうためには、飼育担当者の役割も重要です。根本にはこれからも毎日、何回も何回も観察してもらわないと。マメに観察するのが一番大事ですから。

根本　たぶん(スタッフの中で)私が一番見てますしね。

堀込　毎日見ていると、今日はちょっと目に力がないなど、飼育員たちは小さな異変にも気付くものなんです。幸い、飼育員たちが毎日、一生懸命見てくれているので、安心して任せられます。だから、根本にはこれからもずっと、モップを見続けてもらいたいですね。

根本　はい(笑)。毎日、ちゃんと観察し続けます。

MOP-KUN Diary
2020
FIRST HALF

飼育員5人で始めたYouTubeチャンネル『日本モンキーセンター公式裏チャンネル』に、週1回、モップくんの動画をアップすることになり、［今日のモップくん］にアップするのかYouTubeにあげるのか、写真にするのか動画にするのかなど試行錯誤の多い日々でした。5月、モップくんが体調を崩してしまったときは仕事に手がつかないほど心配しました。元気になって本当によかったです。（根本）

1月1日

明けましておめでとうございます。今年もモップくんが躍動します（しないことのほうが多いです）。子年なのでこんなものを作ってみました。
力作のサツマイモネズミだったのですが……完成前にやられました。

#元日のモップくん #子年

1月1日

1月3日の「サルおせち」は、シロガオサキのモップくんとザルバ様率いるチベットモンキーでやります。頑張って作っています。箱を。中身はまだ考えていません。ヤバイ。

1月2日

お重ができました。モップくんの顔が単純（？）でよかった。中身はまだナイ。#おせち

1月3日

おせち完成しましたー!! モップくんが美味しそうに食べてくれて、本当によかったです。レンコンをイチゴの搾り汁でピンクにするのが一番大変でした。疲れたから呑もう。#おせち料理

おせち。一番最初に食べたのはニンジンでした。予想外。

1月5日

1月5日、イチゴの日。
モップくんがイチゴ嫌い
と判明した日。

1月6日

多分、素人には見えませんが、
左手で#フリッカージャブを打っ
ています。

1月8日

慎重派のモップくんですが#紫芋
を食べることがわかりました。でも、
毎回電子レンジでチンして1口サ
イズに切らないといけないので、
もう1回あげるかは考えます。

1月9日

昨日のモップくんをあげます。#紫
芋を食べていると、扉の外に飼
育主任の鏡味さんを発見しまし
た。体が1.5倍大きくなりました。

1月12日

「星3つ頂きました!!」……って
言いたかった。
#スターフルーツ

1月14日

ま。

1月15日

#モップくんは#シロガオサキと
いうサルです。
生息地はアマゾン川の北側。
ペア型の社会構造をもつ。主
に種子、果実を食べる。と、当
園の『webサル図鑑』に載っ
ていました。

う〜む、モップくんでは伝わらな
いことも多いな。

1月19日

昨日、家で髪を切りました。そのせいか、モップくんが素っ気ないです。会いに行っても、室内へ消えていきます。髪型で人を判断してるのか？
それか、ただただ嫌いになりましたか？

……切ない。

#片想い

1月22日

モップくんが立つと、少し内股になります。結構好きです。顔がちょっとムッとしてます。結構好きです。

1月20日

ダメだ。昨日から、モップくんが私をかまってくれない。髪型のせいか！モップくんと同じ髪型にするか！#片想い

1月21日

干し柿を置いても全然来てくれない。と思ったら、上にいました。う〜ん…このアングル怖いな。

1月23日

寒い日や雨の日は、暖かい室内に入ってしまうモップくんです。南米のサルなので仕方がない。今日は室内まで追ってみました。

1月26日

「モップくん用に金柑を持ってきていいですか？」とお客様から相談されました。「モップくんは金柑を食べないんです。他のサルたちにお願いします」と心苦しく断っていましたが、食べやがった。

1月27日

モップくんは太陽が出てくると#ワオキツネザルのように日光浴をします。ですが、ワオキツネザルと違ってモップくんがやると#ジョジョ立ちっぽくなります。彼には何か夢があるようです。
#ジョジョ

2月6日

黄色のズッキーニを食べています。撮影の途中見えてはいけない所が見えた気がする。

2月10日

早いですが、バレンタインプレゼントを頂き、気持ちを込めてハート型に切ってあげました。漫画やアニメの主人公にありがちな鈍感男です。
#スイカ #鈍感 #鈍感男

2月5日

お久しぶりです。1週間ぶりの[今日のモップくん]です。
というか、私もモップくんに1週間ぶりに会いました。ずっと会えないと、会えなかった分だけ可愛く見えますね（私だけかもしれませんが…）。そんなモップくんとの再会です。

2月9日

携帯が壊れたので、機種変更をしました。替えて一番よかったのは、モップくんをきれいに撮れるようになったことです。これからは皆様に、より一層きれいなモップくんをお届けしていきます。美化されすぎていますが……。

2月11日

バレンタインが近いので、お客様から#紅みかんを頂きました。私が美味しそうだなぁと見ていたら、お裾分けをしてくれました。優しいモップくんです。
でも新しい携帯が汚れたので、ちょっとだけケンカをしました。
#仲良し

2月12日

自慢気に、こっちを見てきやがります。いらんし。#バレンタイン

2月13日

モップくんが抱きついてきたら、可愛いのに! と思っている方へ。実際は恐怖でしかありません。

2月14日

バレンタイン。
校門前で意中の彼へ想いを伝えたい女子……的な。

2月15日

モップくんをチョコで作ると、こんな感じ。なんて簡単な顔なんだろう(いい意味で)。
普通のチョコとホワイトチョコがあればできます。
#チョコレート

2月16日

モップくんをスロー再生してみたら、意外ときれいでした。
気持ち悪いことをいうと、ふくらはぎの毛並みが美しいと思います。

2月17日

おはようございます。朝ごはんは
しっかり食べましょう!

2月18日

最近の携帯の機能に驚きを隠
せない。モップくんがカッコよす
ぎる。どなたかCDのジャケ写
で使ってくれないかな。

2月19日

これは……
これで………
可……愛…………い。
#ムー とかに出てきそう……。

2月20日

皆さん。ご心配なく。彼は元気
です。ただ、ちょっとだけ寝姿が
エモキモいだけです。
#日光浴 #エモい
#キモい #エモキモい

2月21日

最近気付いたこと。モップくん
は、左耳にかかる毛より右耳に
かかる毛のほうが長い。アシメ
トリーな髪型をしているようで
す。憧れる。

2月23日

要らないものは捨て、欲しいも
のだけ持っていく。片付けでき
ない人は見習わないといけない
ですね。

いや、待て!!
捨てる場所は選ばないといけ
ない!!

この散らかった落花生の殻は
誰が片付ける!?

2月24日

おはよう。昨日はよく眠れた?
#エモキモい

2月25日

がぶっ。
にこっ。
あーっ。
ぬーん。
私は最後の「ぬーん」が一番、
モップくんらしいと思います。

2月26日

モッパー（モップくんを溺愛する人達）には、つむじフェチが多いようなのでプレゼントです。限界まで近付いてみた。

2月27日

ワオの真似すれば人気が出ると思っている。

3月1日

菜の花畑に行きたい!!って思うのは、インスタ映えを意識しちゃってる系の方々か、おひたしを食べたくなっちゃった系の方々でしょう。モップくんは見向きもしない。

3月3日

四つ葉のクローバーを見つけるのが、めっちゃ早い根本です。モップくんにあげましたが、そこら辺の草をあげたときと同じ反応をしたので、ちょっとだけ悲しくなっています。幸せはどこですか？

3月2日

二十日大根を頂きました。モップくんと並べてみると、赤カブと白カブにしか見えなくなりました。

この後、白カブが赤カブを喰いちぎる悍しい光景が広がったことはいうまでもありません。
#映え

白カブが赤カブを喰っています。

3月4日

（あの上にあるリンゴを食べたい）
（雨に濡れるから行きたくない）
（覚悟して取りに行こう!）
（あ、やっぱり雨が……）
（やんでから取りに行けばいいか）
（寒いから中に入ろう）

って、勝手に私が思っています。

3月5日

Nostalgic and Fresh.

3月8日

私の後ろに何かいたようです。食べかけのサンチェを放って逃げていきました。そんな驚き方ある!?
#心霊 #リアクション

3月10日

いました。
#UMA #カオナシ

3月9日

モップくんを養子にした覚えはないのですが、頂いたのでモップくんにあげました。品名には「クラウンメロン子メロン」と書かれていました。本気で「メロン子って誰っ!?」てなりました。

「子メロン」ですね……子メロンって何!?

3月11日

福島県いわき市出身の根本です。今から9年前、震災当時はアフリカ館を担当していました。TVやネットの情報を見て、無事を祈るしかなかったのを覚えています。
今、起こったらどうするか。どう動くのか。考える日々です。

#東日本大震災から9年

3月12日

モンキーセンターでは#ライオンを飼育していないので、モップくんが見たことあるのは#ダンデライオンか、たまに来る#猫くらいです。なので、見向きもしません。

3月15日

マシュマロキャッチをしてるように見えますが、ただバナナを食べているだけです。口からこぼれないように上を向いています。特に汁気が多い食べ物は、よく上を向きます。

3月16日

豪快にかぶりついてほしい!と思っていても、彼には彼なりの行儀があるらしいです。もう何も望まないし、期待もしません（泣）。

#飼育員の苦労

3月17日

「モップ」「モップくん」「モップさん」「おーい」と呼んでも無視でしたが、「モップ様」と呼ぶと振り返りました。
モップくんはモップくんなので、モップくんの呼び方をモップくん以外に替えるのは嫌だな。

3月18日

モップくん可愛い。
モップくん可愛い。
モップくん可愛い。
モップくん可愛い。
モップくん可愛い。
モップくん可愛い。
モップくん可愛い。

3月23日

娘のお弁当に、モップくんを入れてやりました！ きっと今頃食べられているでしょう。

3月19日

ホワイトコーンを頂いたので、渡してみました。
彼はとうもろこしの食べ方を忘れたようです。甘やかしすぎました。反省します。

3月22日

夕食を食べ物側から撮影しました。
モップくんはポイッを何回するでしょうか？

3月25日

#パパイヤメロンを頂きました。最初から最後までモップくんらしくて、エモキモくて面白いです。#エモキモい

3月26日

4年前のモップくんが激カワだと思う。

こんなこと言うと「現在は可愛くないのか!?」って、みんなから言われるけど、まぁ……可愛いよ。うん……可愛い可愛い。

#過去画像

4年前

3月29日

頑張ろう!
#応援

現在

3月30日

動物たちが見せる瞬間の表情や仕草に心を動かされます。その姿を残したくて、写真を撮ります。

モップくんは可愛いすぎて撮りすぎちゃうので、スロー再生して切り取ることにしました。

3月31日

モップくんの写真に、自分で好きなBGMを付けてください！ 時を超えて〜♪とかでもいいと思います。

4月1日

3月末をもちまして、モップくんがいる南米館を去ることになりました。今後は南米館で学んだことを活かして、精進していきます。[今日のモップくん]を応猿し愛してくれた皆様、本当にありがとうございました。

#エイプリルフール

4月2日

皆様、昨日のツイートですが、事実です。
4月からアジア館の専属となりました。今後はモップくんをチラ見しながら頑張ります!

あ、[今日のモップくん]は継続して私がやります。今後ともよろしくお願いします!

ハジけるブドウ!!
ブツかる携帯!! ヒカる首筋!!
クチャクチャうるせぇ!!

4月5日

#お花見をしました。土台は食べられちゃったけど。お花見をしました。お花"見"だから、これであってます。お花見をしました。#桜は食べないって知っていました。お花見をしました。

泣いてなんかいません。
花粉症です。

4月7日

私は気付きました。来週4月14日は、モップくんの誕生日です。何か用意しないと……ゆび咥えて待ってやがる。

4月8日

グリーンピースをあげた結果、
無限ポイッ状態になりました。
あなたの好きなポイッはありま
したか？

4月9日

グリーンピースのポイッを、ス
ロー再生してみました。回転し
てきれいに飛んでます。そして、
モップくんはすごいドヤ顔。

捨てないで食べなさいよ！
それか掃除しなさいよ！

4月12日

モップくんがすごく大きくなっ
た!!!!! って叫ぶくらい、小さなト
マトを食べています。食べ方が
汚いのはもうしょうがないって
思うことにしましょ……。
#マイクロトマト

4月13日

美味しそうな和歌山の果物セットを頂きました。ありがとうございます。
今日は #しらぬひ をあげました。モップくんが食べやすいように小さくして
いきました。結果は……ごめんなさい。見向きもしませんでした。あとで
反省会します。

4月14日

今日はモップくんの誕生日なので、これで出勤します!
#誕生日 #靴下

遠くの小さなモッパーから、誕生日プレゼントを頂きました! モップくんがとても可愛いです。私はイヤらしい顔してます。似てます……あ、ありがとう。
#誕生日
#誕生日プレゼント

今日はモップくんの誕生日なので、これを着て仕事します!
#誕生日 #UTme

本日の主役の登場です! 主役は通常運転です。
もしくは「誕生日おめでとう!」って言ったから、照れているかもです。
#誕生日 #主役

今日はモップくんの誕生日なので、これを被って仕事します!
……いや、無理だ。
#誕生日 #お面

主役がようやくやる気を出してきたようです。びっくりするくらいカッコよく撮れました。
#誕生日
#イケメンと思ったらRT
#主役

壁紙にしたい方はどうぞ。 ▶
#誕生日

たくさんの野菜や果物、お手紙、絵、色紙などを頂きました。写真はその一部です。これだけあれば、南米館の1日の食べ物はまかなえる気がする。
#誕生日 #誕生日プレゼント

今からモップくんの誕生日プレート、通称「モップレート」を作っていきます! お楽しみに!!
#誕生日

モップレート完成!!!!
モップくんにプレゼントします!
#誕生日

頑張って作ったモップレートです。

本日の主役のコソ泥が、こちらをチラ見しながら一番大きい顔を持ち去っていきました。

誕生日おめでとう!

#誕生日

誕生日だから、モップくんの好きなように食べていいんだよ。と言ったものの、シロガオサキらしからぬ食べ順です。YよりもPを選んだ理由は、MOPのPだから? #誕生日

皆様からの愛あるプレゼントやたくさんのお祝いコメントのおかげで、最高のモップくん誕生日になりました。来年は、多くの方に囲まれて誕生日ができることを心から願います。
本日はありがとうございました。
#誕生日 #ポイッ

4月15日

昨日の余韻にひたっています。

昨日紹介できませんでしたが、いろんな方から色紙や絵を頂きました。

モップくんは愛されています。とても喜んでます。これでも。

4月16日

TikTokの「こっちを見ろ」に合わせたら、面白くなると思う。TikTokやってないから、わからないけど。#TikTok #こっちを見ろ #こっちを見て

4月21日

WEB会議中に「背景のそれ何!?」と言われたら「シロガオサキです」「モップくんです」と言うしかありません。

それ以上でもそれ以下でもありません。自信を持っていきましょう!

#zoom背景にどうぞ。

4月20日

自分をきれいに見せたいのか、モップくんは自分の尻尾のケアをかかしません。それよりも、つむじのケアをどうしているのかが気になる。

4月22日

「ハピバ」と書かれたメロンを頂きました。今日で16歳と8日目です。ありがとうございます!モップくんは休園中でも変わらず、モップくんしてます。

4月23日

#みやざき完熟マンゴー「#太陽のたまご」を頂きました。スーパーで売っていても、私には手が出せない代物です。ちっ(泣)!

4月26日

モップくんが、4月24日発売の雑誌「フライデー」5月8.15日号に載りました。書かれていることは全て事実です。
世間をお騒がせしておりますが、体毛のように白黒ハッキリさせていきます。

4月27日

今年は早くもビワを頂きました。「最後まで見て頂けると、シロガオサキが種子食者なのだとわかります」と、言いたいのですが……叶わぬ願いでした。

4月28日

ひょこっ♡

4月29日

種なしデラウェアを頂きました。どうせ種は捨てるとわかっているからですかね? まぁ……正解ですけど。種子食者なのに。

4月30日

さくらんぼ…チェリーを頂きました。言い換えた意味は、特にないです。モップくんはチェリーが似合うなぁ! チェリーが似合うなぁ!

5月1日

種なし#デラウェアを食べている#モップくんです。種がないから食べやすいですが、種をポイッする仕草を見られないのが少し寂しい気もします。

5月2日

さくらんぼを食べています! 皆さんが思うことだと思いますが、"寝癖がひどい"。……そこじゃない?

5月3日

センターがずれてる? いつから? 寝癖か? どうやって寝た?

5月4日

とっても素敵な絵を頂きました！ありがとうございます！

どちらの絵も大好きです!!

よく見ると、モップくんの顔の中央にセ○ミストリートのエ○モが現れます。

5月5日

最初に言っておきます！モップくんが気持ち悪い動きをします。怖がらないでください！
#こどもの日

5月6日

ラズベリーを収穫しました！味見をしたらとても美味しかったので、モップくんに渡してみました。困っていました。タネヲトッタホウガヨカッタデスカ？

5月7日

問題です！
これは何をしているときの写真でしょうか？ わかった人は、コメントとリツイートをお願いします！

シンキングタイムは約15時間！

5月22日

正解は……、胸を掻く動作の一場面でした。毎日見ている飼育員も、モップくんが何を思っているかはわかりません。

5月11日

めっちゃ可愛いモップくんTシャツを頂きました！誰が書いたんだろ？ ピカソかな？
#Tシャツ #プレゼント

5月13日

モップくんvsパイナップル。パイナップルをなんとなくオシャレに切ってみました。意味は……あったのかな？

5月14日

なんか出てきた!!

5月17日

いい天気で、動物園日和になりました。お客様に会うのが久しぶりなので、少し緊張でした。私が。モップくんは変わらずです。

5月19日

モップくんをポートレート撮影をして"ステージ照明（モノ）"にすると、暗い夜道を照らしてくれる#お月様のようになります。心が暗くなりがちな世の中ですが、モップくんが見てくれていると思うと前へ歩けます。
なんてね。

5月20日

YouTubeの日本モンキーセンター公式裏チャンネルに、[今日のモップくん]を公開しました！ 今回は、モップくんに高級メロンを1口サイズに切ってあげました！ 私もこんなメロン食べたことない……。
※本編企画は毎週月曜日に更新、その他は不定期更新です。

5月18日

閉園後のモップくんは、定位置に座ってのんびりしていることが多いです。最初の振り返りは可愛いのに、2回目の振り返ったときはただのおっさんにしか見えない。これを言うと、他の飼育員からは「どっちも一緒だよ」と諭されます。

5月21日

お知らせです。本日、モップくんが体調不良のため入院しました。元気になるまで、しばらくモップくんの展示は中止いたします。ご心配おかけしますが、温かく見守っていただければ幸いです。

5月22日

お知らせです。皆様に大変ご心配をおかけしております。皆様の温かい言葉に勇気付けられています。本当にありがとうございます。モップくんは獣医さんにしっかり診ていただき、昨日よりは調子がよさそうです。頑張って！

5月25日

皆様に大変ご心配をおかけしているモップくんですが、だいぶ元気になりました!

めっちゃ喰います。
めっちゃウンチします。

「もう早く連れていってください!」と、獣医さんに言われるのを待っています。

5月26日

お守り(多分)を頂きました! ありがとうございます!
モップくん頑張っています!

5月28日

本日、無事退院いたしました!!!!
本当によかった!!!! 皆様ご心配をおかけしました。そして、本当にありがとうございました!
#退院

6月1日

歯で毛をそいでる。
この行動は……初めて見た。
何!?

6月2日

モップくんの絵を描くときは、口のかたちを「へ」にすればいいのかと思わせる写真です。モップくんの絵描き歌作ろうかな。

5月31日

園内のビワが実っていたので、1粒だけモップくんにあげました。

左手の添え方に上品さがありますが、食べ方には上品さのカケラもありません。

6月3日

モップくんサイズの小さなトウモ
ロコシを頂きました。でも……
匂いを嗅いで、室内に帰りまし
た。理由は、トウモロコシの皮
が嫌だったと思われます。

6月4日

『桃太郎』に出てくるサルが
#モップくんだったらと考えると、
本気で桃太郎を止めると思う。

寝て、食べて、ポイッするだけで
すよ。そして多分、きび団子も
ポイッしますよ。

やるとすれば、鬼の興味を逸ら
すくらいかと……。

6月8日

トウモロコシならなんでも食べ
ると思ったら大間違いでした
……。嫌いなモノを嫌いと言え
るのはいいことです。好きなモ
ノを好きと言えるのもいいこと
です。

飼育員としては、バランスのい
い食事をしてほしいだけです。

6月9日

一番好きな果物はライチです。
鼻に抜ける芳潤な香り、上品
な甘さと程よい酸味、弾けるよ
うな独特の食感、口に広がる
大量の果汁。
あ〜本当に美味しいです。
何個でも食べられます。
私の話です。

6月10日

#サヤエンドウを、葉っぱ付きで
もらいました。イチゴ狩りだと
モップくんはガン無視すると思
いますが、サヤエンドウ狩りなら
ずっとやってくれるようです。

6月14日

女優の#竹下景子さんから、たくさんの野菜とフルーツを頂きました!
今後のためにも、モップくんは何が好きなのか試してみました。参考になればと思います。
結果、ブドウをくわえて、さくらんぼを手に取り、去りました。
参考にはなりません。
#ブドウ #さくらんぼ #トマト

6月15日

人と喋っているときに、髪をクルクルしちゃってる女子とかいるじゃないてすか?

別に嫌いじゃないんですけど、クルクルを足でやってたら、ドン引きしちゃいますよね。

6月16日

モップくんの退院祝いに#フルーツほおずきを頂きました! ありがとうございます! モップくんに代わって御礼申し上げます! 本当にありがとうございました!! そして、本当にごめんなさい!!!

6月17日

この後、モップくんが頑張ります!

6月21日

今日は「父の日」です。だからといって、特に何もない素晴らしい1日でした。……落花生をアテに呑もう。

6月22日

ちょっと理由はわかりませんが、ガン飛ばされています。怖いです。ぴえんです。

6月23日

モップくんがのんびりとおくつろぎになっていらっしゃったので、撮影させていただきました。途中、「ピーッ」とお鳴きになられました。ありがたき。その後、こちらに手をお伸ばしになられたので、無視させていただきました。

6月24日

シロガオサキは種子食者です。ビワの種を食べています。が、最初は果肉だけ食べていました。

6月25日

『全力坂』が好きで、よく深夜に観ていました。モップくんは全力であまり走らないですが、一丁前に疲れたようにポールにもたれかかってカメラ目線をします。オファーお待ちしております。

6月28日

巨峰をあげてます。ここで注目してほしいのは、モップくんの横歩きです。きもちわ……可愛いです。

6月29日

山形県産のさくらんぼを2つあげた後、この上目使いをされました。もう何も持っていません。あげたくなるけど……。新手のカツアゲです。

6月30日

"水も滴るいい男"とはよく言いますが、モップくんはギリギリ雨に濡れない所にいます。そして、口からなんか出します。カッコいいです。

#雨 #梅雨

モップくん未公開写真

厳選した写真や動画をほぼ毎日お届けしている［今日のモップくん］。泣く泣く掲載をあきらめた未公開写真を一挙公開。くつろぐモップくん、美味しそうに食事するモップくん、周りを威嚇するモップくん……さまざまなモップくんをお楽しみください！　撮影：根本 慧

MOP-KUN ANATOMY

モップくん大解剖!!

一度見れば忘れられない、インパクトのある見た目をしているモップくん。
シロガオサキの骨や姿かたちの特徴を
モップくんの体から、それぞれをじっくりと観察してみましょう。

文=新宅勇太／撮影=根本 慧／イラスト=岡田成生

骨をじっくり観察してみよう!

協力：麻布大学いのちの博物館（交連骨格標本）／日本モンキーセンター（頭骨標本）

後肢

後肢の長さが前肢の1.3倍ほどと長いのがポイントです。これは後肢が発達して、よくジャンプしていることを示します。木の幹からジャンプして飛び移る"リーピング"という移動がよくみられます。

尾

尾にも骨があります。外見から尾の骨も太いのかと思われるかもしれませんが、意外と実際の骨は細いのです。短い骨が椎間板を挟んでたくさん連なることで、しなやかな動きができるようになっています。

手足

ゆびは長く、手でも足でも同じように物を握ることができます。これはヒト以外の霊長類に共通の特徴です。不安定な木の上で生活するためには、手と足両方でしっかり枝をつかんで握ることが必要です。

シロガオサキの全身の骨格は、霊長類の基本形からそう大きくは変化していません。しっぽや手足の特徴は、不安定な木の枝の上で活発に動き回るためのもので、霊長類の仲間で広くみられるものです。一方で、頭骨には固い種子を食べるためのさまざまな特徴がみられ、ジャンプを多用する移動様式と関連して後肢が発達するなど、シロガオサキのくらし方と対応するような基本形からの細かな変化があちこちに見られます。骨を知ることは、動物のくらしを知ることにつながっています。

普通は見ることができないシロガオサキの骨格。
モップくんを透かしてみると、いったいどんな秘密が隠れているのでしょうか？

目

霊長類の目は、正面を向いているのが大きな特徴です。左右の目の視野が重なることで立体視ができ、距離を正確に測れるようになります。樹上で枝の間を移動するために重要です。

犬歯

大きく幅広な犬歯。シロガオサキはこの頑丈な犬歯で狩りをするわけではありません。固い種子を割るのに使っています。ですから、オスでもメスでも犬歯は大きく発達しています。

臼歯

臼歯もエナメル質が厚く、頑丈にできています。種子のように固いものを食べて歯がすり減っても、ちゃんと機能が保てるようになっています。

下あご

固い物を食べる、ということは、下あごにも強い力がかかります。そのため、比較的がっしりとしたつくりになっています。張りだした下あごの骨には、あごを動かす発達した筋肉が付着します。

姿かたちをじっくり観察してみよう!

鼻

鼻の穴が外側を向くのは南米にくらす新世界ザルに共通の特徴です。また、サキでは匂いを使ったコミュニケーションが知られています。

のど元

のど元には毛があまり生えていない部分があります。ここに匂い物質を出す腺があって、特にオスは自分の匂いを木にこすりつけてマーキングをしています。

しっぽ

しっぽが太く見えるのは、ふさふさの毛が生えているからです。長いしっぽは不安定な木の枝の上を移動するときにバランスをとる役割があります。

手と足

親ゆびと他のゆびが少し離れていて、物をしっかり握ることできます。ゆび先にはヒトと同じように指紋があって、滑らないようになっています。

モップくんの体にズームイン！
体の特徴をくわしく見ると、シロガオサキがどんなくらしをしているのかが見えてきます。

爪

かぎ爪ではなく、私たちヒトと同じような平らな爪が付いています。物を握るときの支えとして爪がとても大事な役割をはたしています。これは霊長類に共通に見られる特徴の1つです。

糞

糞はモップくんが元気かどうかを知るための大事な情報源。飼育員は毎日状態をチェックして、健康状態に問題がないかどうか確認しています。

耳

シロガオサキにも耳は顔の横、白い毛と黒い毛の境目のあたりにちゃんと付いています。しかし、ふわふわの毛に隠れてしまっていて正面からは見えません。

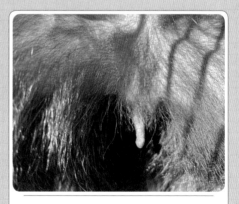

生殖器

生殖器はかなり小さく、一見しては見つけにくいです。群れが小さく、繁殖相手に関わる競争が激しくないことと関係するとも考えられています。中には小さな骨があります。

国内の動物園で見られるシロガオサキ

東京

チビリン2号

2006年3月23日 恩賜上野動物園生まれ
当時、同園で飼育されていたNo.1（愛称：
お父さん）とNo.2（愛称：お母さん）の子と
して誕生した。

静岡

ミツオ

1994年10月23日 日本平動物園生まれ
国内最高齢。リンゴとミルワームが好物で、
巣箱に餌を持っていって食べるのが好き。ち
なみに、モップくんとは異母兄弟。

東京都恩賜上野動物園
東京都台東区上野公園9-83
9：30〜17：00
毎週月曜日・年末年始は休園

©（公財）東京動物園協会

明治15年に開園した日本初の動物園。東京の都心部にあり、約350
種3000点の動物を飼育。生息地に合わせた植栽が施された「ゴリラ・ト
ラの住む森」、国内唯一の飼育となるアイアイを展示した「アイアイのす
む森」（新型コロナ感染症対策のため、展示休止あり。詳細は公式サイ
トにて確認を）、ショウガラゴなど夜行性の哺乳類も展示した「小獣館」
など好奇心をくすぐられる施設が。2020年9月にはジャイアントパンダの
新しい飼育施設「パンダのもり」がオープンした。
https://www.tokyo-zoo.net/zoo/ueno/

静岡市立日本平動物園
静岡県静岡市駿河区池田1/67-6
9：00〜16：30
毎週月曜日・年末年始は休園

©静岡市立日本平動物園

静岡が誇る富士山の景勝地・日本平の麓にある動物園で、約150種
700点の動物を飼育。ホッキョクグマをはじめとした猛獣たちをさまざまな
角度から観察できる「猛獣館299」や、小動物とのふれあいができる全
天候型の「ふれあい動物園」、国内最大級のフライングケージ「フライン
グメガドーム」など魅力ある施設が充実。また、全国の動物園などで飼育
されているレッサーパンダの繁殖管理をおこなう"レッサーパンダの聖地"
としても知られている。
https://www.nhdzoo.jp/

日本でいつか見られなくなるシロガオサキ

日本の動物園で飼育されているシロガオサキ
は日本モンキーセンター、恩賜上野動物園、日
本平動物園の3園にしかいません。その全てが
オスです。そのため、いずれ日本の動物園で見
ることはできなくなります。来園者の皆様からた
びたび、「モップくんにお嫁さんは来ないのです
か？」と聞かれますが、日本国内での安定した
繁殖に向けて海外から多数の個体を導入する

ことは、ワシントン条約などさまざまな条件があ
り、現実的ではありません。現状、1頭でくらす
モップくんと私にできることは"シロガオサキとい
う素晴らしい動物がいる"ということを多くの方
に伝えていくことだと思っています。あと何年に
なるかわかりませんが、モップくんと共にできるこ
とをやり切ります。

文＝根本 慧

野生のサキに会いに行く ～南米訪問記～

　2015年1月、ブラジルに行くチャンスがきました。飛行機を3回乗り継ぎ27時間、アマゾンの玄関口、マナウスに降りたちました。まずは現地滞在中の日本人研究者の紹介で、野生のサルに会える可能性が高いというジャングルの中のロッジへ。その晩はワクワクとドキドキと時差ボケで一睡もできなかったです。翌朝、支度をして集合場所に向かうと、現地のスタッフから「すぐ近くの森にジャガーが出てしまったから、サルたちが全く見られないよ」と、言われました。……その日は、とりあえずロッジに帰って寝ました。動物園とは違い、捕食者もいる環境でくらしているんだ、と実感しました。

　旅の後半は場所を移動し、マナウス市内にある国立アマゾン研究所（INPA）に行きました。広大な敷地でサルを探して歩いていると、前方30mあたりの木の上に豆粒くらいの黒い影を発見しました。キンガオサキです。ブラジルに来て、最初に出会えたサルがキンガオサキというのはすごく嬉しかったです。大きさや動きはモップくんと同じですが、違うのは群れでいること。まわりにはメスがいて、同じ果実を食べていました。そして、行動している高さも違いました。地上から20m以上の高さにいるので、ずっと上を向いていないと見失ってしまうため、観察するのが大変でした。

　上を向いて観察していると、何やら上からボロボロと落ちてきます。少し齧った果実です。落とした果実は、地面にいるアグーチ（ネズミの仲間）が食べています。モップくんもよく食べ物をポイッするので、野生でも同じような行動をするのだと感動しながらも、キンガオサキが落とす果実は無駄にならず、他の動物の食糧になり、植物にとっては種を運んでもらう機会にもなっていて、キンガオサキの存在がここの生態系の一部になっていると知りました。

　わずかな期間ではありましたが、野生の姿を見て学んだことを多くの方に伝えていこうと思える経験でしたし、近い将来、野生のシロガオサキをこの目で見て、モップくんの生活環境改善に役立てたいなと感じました。

文・撮影＝根本 慧

「オスメスのキンガオサキ」
オスとメスで仲よく食後の休息を取っていました。木の上は風がとおっていて、とても気持ちよさそうです。モップくんも夏に同じ格好をよくしているなぁと感激しました。

「キンガオサキが食べていた果実」
手に持っている一見ビワみたいなものは、アカテツ科オオミアカテツ属の果実です。ちょっとだけかじってみましたが、少し酸っぱい桃みたいな感じでした。

「地面にいるアグーチ」
樹上にはキンガオサキ、地上にはアグーチ。日本の屋久島では樹上にヤクシマザル、地上にはヤクシカ。遠く離れた環境でも同じような生態系が築かれていることに驚きました。

MOP-KUN Diary

2020

SECOND HALF

公式裏チャンネルや公式Twitterを見てくださった方が増えたことで、モップくんに興味を持ってくださる方も増加。さまざまなグッズも生まれ、売り上げにも貢献できました。モップくんへの頂き物もさらに増え、時には私まで頂くことも。スタートから2年、同じような内容がないか過去のツイートをチェックしながら、一番面白いと思った動画や写真を今も毎日アップし続けています。（根本）

7月1日

大きな桃を頂きました。右手をブルブルと震わせながら頑張って持って食べてます。左手の意味は全くわかりません。まぁ、モップくんらしいからいいか。

7月2日

風車のモップ。
#風車の弥七

7月4日

モップくんが目で追っているのは、私の手です。でも、食べ物を持っていないのをわかっているので見るだけです。

カメラに手を近付けて撮ると、カメラ目線の写真になります。長年の技です。

7月5日

おしりフリフリ♪
しっぽフリフリ♪
#ただのサービスカット

7月6日

モップくんは雨に濡れると、体を揺らして水を飛ばします。ガソリンスタンドとかにある洗車機のブラシみたいです。

7月8日

スモモをあげました。撮っている最中、モップくんの胸毛が気になって集中できませんでした。スモモは駄菓子のやつしか食べたことないな……。

7月9日

雨の合間、モップくんに会いに行きました。こちらを見て近寄ってくるのが可愛いです。登場の仕方はパルクールみたいです。

7月13日

雨の中、モップくんに近付いたら、ぶりっ子して鳴いていました。もうちょっと近付いたら、ちょっと怒ってました。

7月14日

モップくんのつむじ。
吸い込まれそうになります。

7月19日

きゅうりにハチミツをかけるとメロンの味になると聞いたので、メロン好きのモップくんにあげてみました。ガン無視されました。彼は偽りだということを知っているようです。

7月21日

小さなウリをあげました。ウリをポイッしてから、全然こっちを見ません。少しは申し訳ないとか思っているのだろうか?

7月15日

#レッドキウイを頂きました。私も食べたことないのに、モップくんだけズルイなぁと思いつつ渡しました。

ちゃんと食べたら、文句は言いません。

ちゃんと食べてくれたら、ね!!

7月22日

昨日の[今日のモップくん]では、小さなウリをポイッしていたので、今回のバナナウリもポイッすると思っているでしょ?

7月16日

一瞬ですが、お爺ちゃんがいました。
面白い仕草をするときは事前に言ってほしいと思うけど……言うわけないよね。そのためにトレーニングとかは間違っているので、私がひたすらに頑張ります。

何を頑張ればいいか、わかりませんが。

7月25日

梨を頂きました。もう季節はすっかり秋……いや、夏だな。むしろ、これからが本番の夏だな! 季節を先取りしすぎました。でも美味しそうに食べています。

7月26日

雨が続く日は、室内で過ごすことが多いです。雨が止んだら出てくるので、気長に待ちたいと思います。来週には、犬山も梅雨明けかな。

今日のこの写真ですが、自分の指でモップくんの頭を隠すと、新たな生物が誕生することに気が付きました。自己責任でお試しください。

7月28日

昨日から携帯の画面が真っ暗になる呪いにかかっています.なので、急遽パソコンでツイートすることになりました。

7月29日

#スイカをモップくんデザインカットしました。

「モップくんも喜んでくれるはず!」と意気込んでいましたが、全く近付きません。

デザインカットしたモップくんは、泣く泣く切るしかありませんでした。

7月30日

デラウェアを頂きました。口を隠して上品ぶって食べています。この後、皮をペッて吐き出しました。

8月3日

昔のモップくんの写真を整理していたら、やたら#イケメンのモップくんがいました。恋愛シュミレーションゲームのなんかしらのキャラクターっぽいです。知らんけど。この後、どうなるかは皆様のご想像にお任せいたします。

8月4日

今日も過去の写真をご紹介。「つむじが好きです」という方へ。左耳が少し見えているのが萌えポイントです。「は？」って思った人は安心してください。正常です。

8月5日

採食エンリッチメントとして、#種なしデラウェアを吊るしました。モップくんが頑張ってデラウェアを取ろうとしています。今回は心を鬼にして待とうと決めました。

8月6日

携帯が修理されて返ってきました! これでちゃんとモップくんが撮れます!!

モップくんサイズのスイカを頂きました。

スイカの持ち方が、ワイングラスの持ち方と一緒です。

8月9日

[今日のモップくん]というか、[ちょうど2年前のモップくん]。こんな活発でしたっけ？ 中身の人変わった？ と、変な疑いをかけてしまった。#スイカ

8月10日

夕涼みの中、モップくんの姿勢が美しかったので、こっそり撮影していたらバレました。

8月12日

お祭りの屋台で売っている#ブドウ飴が好きすぎて、自分で作ってみました。モップくんも喜んでくれると思っていましたが、なんなら少し怒っていました。ごめんて。

いい所にトマトが実っていたので、盗ん……頂きました！

トマトは皮も食べます。本当にモップくんの好き嫌いは難しいです。

いい子のみんなは好き嫌いしちゃダメだよ！

8月19日

問題です！
モップくんが食べているサツマイモの品種はなんでしょうか？

①なると金時
②紅あずま
③シルクスイート

正解は、大半をボロボロとこぼしながら、紅あずまを食べました。

8月16日

モップくんがたまに見せる切ない表情が好きです。本当に切なく思っているかはわかりません。この写真を撮った後に走り回ってウンチしていました。

8月17日

3年前に取り付けたハンモックに乗ってくれている！と、嬉しく思っていたら壊しているだけでした。なんだか泣けてきました。モップくんも成長したなぁと思って。

8月18日

モップくんが熱中症にならないように凍らせた巨峰をあげました。美味しそうに食べていました。なんだろう？

こういう食べ物知っている気がする。

#アイスの実

8月20日

モップくんのお尻に何か付いていたので、見ていたら怒られました。モップくんにとって、とても大切なものだったのでしょうね。きっとウンチだけど。

8月24日

今日も暑かったね。

8月25日

モップくんは見かけによらず、ゆび先が細長いです。そのアンバランスさや意外さが可愛いです。って、言う人もいます。

8月23日

モップくんの夕食時に潜入。私が先日あげたときは、あんなにボロボロ落としていた蒸したサツマイモを、この日は美味しそうに食べていました。なんだろう?

作った人で変わるのか?
忖度か?

9月29日

ミキプルーンのCM依頼がそろそろ来るかなぁと思っていましたが、叶わぬ夢のようです。

こんなにプルーンを捨てることある!?

9月30日

この時季はドングリが沢山採れるので、飼育員としては最高に嬉しい季節です。

モップくんもドングリが大好きなので、よく食べています。モップくんが小さなドングリを口に持っていく仕草が好きです。

10月1日

モップくんのことを一番知っているのは、私だと思っています。ですが、この行動は本当にわからん。行く先に何かを見つけたか、ウンチを踏んだか、もしかしたら、ただ足の裏を見せたかっただけなのか。真相はモップくんしかわからない。

10月4日

美味しそうなミカンを頂きましたので、ちょっと加工してプレゼントしました。でもモップくんなので期待を裏切って食べないだろうと思ってましたが、今日は逆の逆に喰いやがってます。ファンサができてます。

10月5日

お洒落な人の家には必ずあるモノを頂きました。

なんのために置いているのか疑問でしたが、"ドングリ置き"だったとは思いませんでした。

お洒落な人はドングリが好きなんですね!

10月6日

そろそろ柿が食べたい。

10月11日

あーそっか。
もうそんな時季ですね。
準備しないと!
#ハロウィン

10月7日

昨日のツイートを見て、柿を持ってきてくれた方がいました。ありがとうございます!
喜んで受け取ると「モップくんにあげてください。」と……。
モップくんの幸せが私の幸せです!! ぴえん。

10月12日

優雅に#富士の輝を食べています。めっちゃ美味そう……。別にどうでもいい情報だけど、左手で枝掴みがちです。

10月14日

皆様に早くこの可愛いモップくんを見せたくて、文章なしの可愛いモップくんだけがツイートされてしまいました。ただの失態です。可愛いモップくんだから許してほしいです。

10月15日

今年のハロウィンは、みんなでモップくんになってみない?

10月19日

完熟ポポーを食べています。

ここでのポイントは
完熟であることです。

半熟ではダメです。

10月18日

紫芋は怖くて手を出さないと思いきや、めっちゃ食べます。カボチャもあげれば、なんとなくハロウィンぽくなる気がする!

10月20日

2021年版カレンダーが販売されました。しっかりと検品をしたので、問題はないはずです。1人1枚までとはいわず、何枚でも!

10月21日

……♡

10月22日

ザクロは全く見向きもしません
でした。どこを食べていいかわ
からなかったかな？ 私もわから
ないけど。

10月25日

挙動不審に見えますが、ただ
モップくんは自分のミカンを
取っただけです。盗ったわけで
はありません。

10月26日

私の右袖の中が気になってし
まったようです。左手に持ってい
た落花生はガン無視です。もち
ろん袖の中には何もないですよ。

10月27日

遠く、空を見つめる。
#また会える

10月28日

ハロウィンでモップくんの仮装を
したい方は、この画像を印刷し
てお面を作ってみてね! もし無
理そうなら、白いペンキを準備し
てね♪ #ハッピーハロウィン

10月29日

楽しいハロウィン♪ モップオー
ランタンを作ってみたよ♪
#ジャックオーランタン
#ハロウィン #今日のモップさん

10月31日

モンキーセンターゲート前でお
待ちしております。
#Halloween
#今日のモップさん

モンキーセンターを飛び出して、
犬山市内のどこかに出没しま
す。多分(※さすがに運転はで
きなかったので、駐車場で撮影
のみをしています)。歩くか。
#ハロウィン #仮装
#今日のモップさん

今年も、犬山駅前のスクランブ
ル交差点をジャックさせていた
だきました。例年は渋谷駅に負
け劣らずの賑わいのはずが、
コロナの影響で人混みにはな
りませんでした。また来年お会
いしましょう!
#今日のモップさん
#ハロウィン #Halloween

11月1日

小さい頃に姉と一緒に作った雪だるまにそっくりです。毎年クリスマスにはこの雪だるまの絵を描いて扉の隙間から姉に渡していました。今は姉とも仲よしです。

そんな素敵なお話のアニメ映画を観ました。

11月2日

モップくんサイズのニンジンを頂きました。これでまた、モップくんのサイズ感がわからなくなることでしょう。

謎の組織「モッパー倶楽部」の方、ありがとうございます!

11月4日

今日はいつもよりきれいな毛並みしてるなぁと思っていたら、つむじ（多分）の後ろのほうに妖怪アンテナみたいな寝癖（多分正解）がありました。

11月5日

昭和の大スターみたいです。

11月13日

おはようございます。
今日も何かを頑張ります。

11月16日

モップくんは初めて見るものが、ちょっと苦手です。大好物のブドウもかたちが違うだけで、いつもと態度が変わります。
今回はモップくんの成長が見られました。

11月17日

どの写真でツイートをするか迷い2時間、どうにか100枚の写真から4枚絞れました。

11月18日

昨日のモップくん写真厳選集の中で、惜しくもノミネートされなかった写真がこちら。ちょっと上目遣いすぎたね。

11月19日

モップくんサイズの小さな#キウイフルーツを頂きました。モップくんが食べやすいようにキーウィのかたちに加工してみましたが、モップくんは#キウイよりもリンゴが食べたかったようです。

リンゴで作ったくちばしを、最初に食べました。

11月22日

モップくんは私の掌にいます。

11月25日

朝、出勤すると、レターボックスの中に素敵なマスクが入っていました。きっと#あわてんぼうのサンタクロースからです。ありがとうございます!

モップくんに見せびらかしに行くと、不思議そうな顔をしていました。

11月26日

うずらの卵だと思って見る。
ニワトリの卵だと思って見る。
ダチョウの卵だと思って見る。

モップくんのサイズがまたわからなくなるでしょう？

#うずらの卵

11月29日

モップくんは寒くなると、室内にいることが多くなります。どうしても、本当にどうしてもモップくんに会いたい方は、近くの飼育員にお声がけください。
全力でモップくんの真似をさせていただきます。

11月30日

今夜は満月です。なので、リンゴを満月切りしました。

月を見て何を想うかは自由ですが、私はいつも「モップくんみたいだなぁ」って想っています。今夜はみんなで月でも眺めましょう。
#満月 #フロストムーン
#ビーバームーン

12月1日

夕方のお食事時にお邪魔しました。今日の食べる順番は
①蒸したサツマイモ
②バナナ
③茹で卵（黄身）でした。
これが好きな順番なのかと聞かれると微妙で、明日はまた食べる順番が違ったりします。モップくんの気持ちはモップくんにしかわかりません。

12月2日

これがモップくんに見えてしまったアナタは、沼にハマったと思ってください。#柿

12月3日

モップくんの手先と足先は、こんな風になっています。そして、このアングルからの撮影は腰を痛めることを知りました。

12月6日

モップくんの影絵、
作れないかなぁ?

12月7日

珍しい黄色いニンジンを頂きました。食べれば、きっと幸せになれるはず! 少しだけお裾分けを貰えました。

12月8日

動物が気持ちよさそうに、眠そうにしている姿に愛しさや尊さを感じます。なので、モップくんの寝姿にも同じような感情が湧きます……。わきます…。ワキマス。

12月9日

なんだろう? 首に違和感。

12月10日

小メロンの季節になりました。

12月13日

真っ赤な#金時ニンジンは煮物にすると、とても美味しいです。

普通のニンジンと比べると長いので、食べる際は食べやすい大きさに切りましょう。

長さが少しわかりにくいので、モップくんに渡して比較してみました。

12月14日

モップくんのおでこ部分が少し毛が薄くなった気がします。本当に少しなので、わかる人しかわからないと思います。

12月15日

急に寒くなったので、モップくんは室内に篭っています。いつもの定位置にいますが、はみ出ています。この部屋、もっと居心地よさそうな所いっぱいあるよ……。

12月16日

雪だーー!!!!! と
喜んでいるのは、
私だけでした……。

#雪だるま

12月17日

素敵すぎるクリスマス飾りを頂きました! これを考えて作った方の感性が素晴らしいです!! 東洋物産(株)エンターテイメント部の皆様ありがとうございます! "モップ"くんが"タワシ"くんになりました。

12月20日

モップくんの大好きな丸いモノがたくさん入ったお歳暮を頂きました。ありがとうございます! モップくんが喜ぶと思って可愛くしてみました! 喜ぶと思ってね。

12月21日

隠れていません。

12月22日

モップくんは落花生の薄皮が嫌いです。好き嫌いをなくす方法は色々ありますが、嫌いなものは嫌いのままで何かで補えばいいと思います。

ちなみに、私の嫌いな食べ物はありません。

12月24日

モップくんがハートを作ってくれ
ました。きっと私への愛情表現
でしょう。そう信じたい私と、ただ
ドングリを食べるモップくんの
構図です。メリークリスマス！

12月23日

扉が狭くて毛並みが崩れて、
気付いたら撮影されていたの
で整えました。的な。感じだと思
います。

12月27日

正月にやることがなくなって、
モップくんの絵を書くヒトのこと
を思って、モップくんの全身画像
を置いておきます。モップくんの
絵が沢山できるのが楽しみです。

12月28日

こうして上の柵にぶら下がって
食べ物を貰えているのなら、ま
だまだ元気なんだなぁって思い
ます。いつまでもそうであってほ
しい。

12月29日

童話『大きなカブ』を読んで、
「ネズミの力って凄いなぁ」と
純粋に思っていた根本少年で
す。大人になり、改めて読むと
大きなカブの大きさが気になっ
てしょうがないです。

12月30日

クリスマス前に頂いたパパイヤ
が食べ頃になったので、半分
だけモップくんに渡しました。
さすが種子食者なので、種の
選別は得意のようです。種だけ
口から上手に出して食べてい
ます。

12月31日

今年もモップくんを愛してくれて
ありがとうございました！ いろい
ろあったけど、あっという間の1
年間でした。来年も皆様に［今
日のモップくん］を楽しんで頂け
るように、モップくんと頑張って
いきます。さて、呑みます！

モップくんのくらす日本モンキーセンターってどんなところ？

　モップくんがくらしているのは、愛知県犬山市にある公益財団法人 日本モンキーセンター。約60種850頭と世界最多の霊長類を飼育・展示する"世界屈指のサル類動物園"として知られています。檻のない環境で自由に行き来するフクロテナガザル、ボリビアリスザル、ジェフロイクモザルが見られる展示施設・モンキースクランブル、同じく檻がなくワオキツネザルを間近で観察できるWaoランド、ニシゴリラやチンパンジー、マンドリルを展示しているアフリカセンター、アジアに生息するマカクと呼ばれるサルたちのいるアジア館、3種のテナガザルが展示されたギボンハウス、アフリカに生息するサルたちを展示したアフリカ館、4種のキツネザルがいるマダガ

スカル館、アヌビスヒヒがくらすヒヒの城など生育地ごとに分かれた施設で、さまざまなサルを見ることができます。

　その中で、モップくんは中南米に生息するサルを展示している施設・南米館で、隣にいるヒゲサキやハイイロウーリーモンキーにちょっかいを出しながら、毎日、のんびりと過ごしています。

　そのほか、約140頭のヤクシマザルたちがくらすモンキーバレイでおこなわれる冬の風物詩「たき火にあたるサル」や毎年、夏に開催される飼育施設対抗なんでもアピール選手権大会、通称「甲子猿」、キュレーターによるレクチャーといった魅力のあるイベントも注目です。

公益財団法人 日本モンキーセンター
https://www.j-monkey.jp/
🐦 @j_monkeycentre

〒484-0081
愛知県犬山市犬山官林26番地

[鉄道をご利用の場合]
名鉄名古屋駅→犬山駅（約26分）
犬山駅からは徒歩、タクシー、バスなどでお越しください。

[高速道路をご利用の場合]
名神高速道路 小牧I.C.および名古屋高速道路 小牧線小牧北I.C.（約20分）
中央自動車道 小牧東I.C.（約10分）

日本モンキーセンター 📍

● 名古屋

GOODS OF MOP-KUN モップくんグッズ紹介

［今日のモップくん］に注目が集まって以来、人気も上々のシロガオサキグッズ。
2021年3月現在、日本モンキーセンター内のミュージアムショップ、ユニクロUTme!、SUZURIなどで
購入できるアイテムを紹介します！

1：刺繍マスク ／2：ハンドタオル・ソックス・トートバッグ ／3：羊毛フェルトストラップ・カンバッチ・モンキーホルダー（ガチャガチャ）
4：SUZURI タオルハンカチ ／5：SUZURI ブランケット ／6：SUZURI エコバッグ ／7：SUZURI 手帳型スマホケース ／8：SUZURI パーカー
9：LINEスタンプ写真版 ／10：LINEスタンプイラスト版 ／11：UTme! Tシャツ・トレーナー等 ／12：UTme! トートバッグ

おわりに

モップくんとシロガオサキの魅力を知っていただけ
たでしょうか。この本を通じて、少しでも興味をもっ
ていただけたら嬉しいです。ぜひ本物のモップくん
にも会いに来てください。

しかし、もしこの本をご覧になった方の中に「シロ
ガオサキを飼いたい」と思ってしまった方がいたら、
とても悲しいです。

現在、人間の活動が原因で、野生動植物の絶滅
が進んでいます。野生動物をペットにすることも原
因の1つです。ペットにしたいと思う人が増えれば、
密猟や密輸で儲けようとする人が現われ、シロガオ
サキも絶滅へと向かうかもしれません。

1人1人が地球や他の動植物を思い、シロガオサ
キとそれを取り巻く素晴らしい環境がいつまでも維
持されることを願います。そして、この思いを、世界
中の人と共有できたら幸せです。

根本 慧

［執筆者プロフィール］

根本 慧
1988年生まれ、福島県いわき市出身。公益財団法人 日本モンキーセンター飼育技術員。2008年、同園へ入社。アフリカ館やテナガザルの担当を経て、約10年間、南米館を担当。2018年7月より、公式Twitter（@j_monkeycentre）にて【今日のモップくん】をスタート。飼育作業をしながら、モップくんをはじめ多くのサルの紹介をSNS等で発信している。また、園内のスローロリス保全センターでは、密輸で保護されたレッサースローロリスの福祉向上に力を入れた保全活動も。暇があれば山に登っています。

武 真祈子
1992年生まれ、山形県出身。北海道大学卒業。現在、京都大学大学院理学研究科・霊長類研究所博士後期課程在学。野山を駆け回って過ごした幼少期の原体験と、当時見た映画『もののけ姫』に多大な影響を受け、野生動物の研究者を志す。2016年から、ブラジル・マナウスでキンガオサキをはじめとする新世界ザルの行動生態（とくに採食行動）の研究をおこなっている。Twitterアカウント（@Makitakeco）にてサキの話題を中心に発信中。

新宅勇太
1984年生まれ、千葉県出身。京都大学霊長類研究所特定研究員、公益財団法人日本モンキーセンターキュレーター。博士（理学）。霊長類やげっ歯類を対象として、骨格を中心とする「形」をもとにした研究を進めているほか、コンゴ民主共和国で大型類人猿の1種、ボノボの野外調査もおこなっている。日本モンキーセンターでは標本をはじめとする博物館資料の作成と管理、資料を使った展示活動や教育活動などをおこなっている。

［今日のモップくん］
文・写真：根本 慧（公益財団法人 日本モンキーセンター）

［コラム・解説］
文・写真：根本 慧（公益財団法人 日本モンキーセンター）
　　　　　武 真祈子（京都大学霊長類研究所）
文：新宅勇太
（京都大学霊長類研究所／公益財団法人 日本モンキーセンター）

監修：公益財団法人 日本モンキーセンター
　　　武 真祈子（京都大学霊長類研究所）

アートディレクション：古田雅美（opportune design Inc.）
デザイン：内田ゆか（opportune design Inc.）

イラスト：岡田成生
表紙・カバー写真：根本 慧（公益財団法人 日本モンキーセンター）

企画・編集：高本亜紀

編集協力：河野瑠璃（株式会社blueprint）
進行：
北原愛子
（京都大学霊長類研究所／公益財団法人 日本モンキーセンター）
松田広宣（株式会社blueprint）

制作協力（掲載順）：
公益財団法人 日本モンキーセンター 附属動物園部・学術部
高野智（公益財団法人 日本モンキーセンター）
湯本貴和（京都大学霊長類研究所）
堀込亮慈（公益財団法人 日本モンキーセンター）
麻布大学いのちの博物館
インターメディアテク
中坪啓人
公益財団法人 東京動物園協会
東京都恩腸上野動物園
静岡市立日本平動物園

special thanks（五十音順）：
石渡マキコ[the peggies]（MOVING ON）
片桐 仁（株式会社トゥインクル・コーポレーション）
小柳 友（株式会社スターダストプロモーション）
竹下景子（株式会社アイ・バーグマン）
三宅弘城（有限会社大人計画）

blueprint

今日のモップくん　シロガオサキのモップくん観察記

2021年5月8日　初版発行

著者：根本 慧（公益財団法人 日本モンキーセンター）

発行者：神谷弘一
発行・発売：株式会社blueprint
〒150-0043 東京都渋谷区道玄坂1-22-7-5／6F　[編集部]TEL 03-6452-5160 FAX 03-6452-5162

印刷・製本：株式会社シナノパブリッシングプレス

ISBN 978-4-909852-16-8 C0045

本書は日本モンキーセンター公式Twitterにおける【今日のモップくん】をもとに、加筆・修正を施し、再構成しました。